Joël Luc Cachelin
Veganomics

Joël Luc Cachelin

Veganomics

Die vegane Revolution und ihre Zukunftsmärkte

Bibliografische Information der Deutschen Nationalbibliothek
Die Deutsche Nationalbibliothek verzeichnet diese Publikation in der Deutschen
Nationalbibliografie; detaillierte bibliografische Daten sind im Internet unter
https://portal.dnb.de abrufbar.

1. Auflage 2023
ISBN 978-3-7776-3312-1
ISBN 978-3-7776-3345-9 (epub)

© 2023 S. Hirzel Verlag GmbH
Birkenwaldstraße 44, 70191 Stuttgart
Printed in Germany

Dieses Projekt wurde vermittelt von der Agentur Nina Sillem, Frankfurt
Lektorat: Maximilien Vogel, Heidelberg
Illustrationen: Sasha Tittmann, Buero Sequenz GmbH, St. Gallen, Schweiz
Umschlaggestaltung: FAVORITBUERO, München
Umschlagmotiv: Favoritbuero nach Vorlage von shutterstock_1542201788/
shutterstock_671864629
Satz: abavo GmbH, Buchloe
Druck und Bindung: Druckerei Lokay e. K., Reinheim

www.blauer-engel.de/uz195
· ressourcenschonend und
  umweltfreundlich hergestellt
· emissionsarm gedruckt
· überwiegend aus Altpapier   WK9
Dieses Druckerzeugnis wurde mit dem Blauen Engel ausgezeichnet

www.hirzel.de

Inhalt

Alle Anmerkungen und das Literaturverzeichnis zu diesem Buch finden Sie im abgebildeten QR-Code oder unter folgendem Link: hirzel-extras.de/t_UY7444

TEIL 1

Der Zukunftskongress Karnivorias

Der Zukunftskongress Karnivorias

Karnivoria, 2045

Gratuliere, du hast das große Los gezogen und gehörst zu den zweihundert Glücklichen, die am Zukunftskongress Karnivorias teilnehmen. Was für ein Erlebnis, was für ein Privileg, dabei zu sein, wenn Karnivoria seine Zukunft bestimmt.

Mein Name ist Joël und ich werde während der Kongresstage dein Reisebegleiter sein. Erinnerst Du Dich an den Tag, als Vegania seine Unabhängigkeit erklärte? Die Trennung von Karnivoria folgte auf die düstere Zeit des ersten perfekten Sturms, als 2029 eine Pandemie der Nutztiere, eine Pandemie der Menschen und eine Pandemie der Nutzpflanzen zusammenfielen. Millionen Menschen und Milliarden Nutztiere starben. Wie Du weißt, veranlasste diese Katastrophe mit ihren Lockdowns und Wirtschaftskrisen vier europäische Inseln, einen neuen Weg in die Zukunft zu gehen. Nicht nur fürchteten sie eine Wiederholung des perfekten Sturms. Sondern sie wussten, dass der Klimawandel den Meeresspiegel stetig steigen ließ und früher oder später ihre Existenz auslöschen würde.[1]

Weil die Inseln den Fleischkonsum als zentrale Ursache sowohl der Multipandemie wie auch des Klimawandels betrachteten, beschlossen sie, fortan auf die industrielle Haltung von Tieren zu verzichten. Zusammen traten Chlorella, die High Tech Islands, Tenebrio und Zirkula die vegane Revolution los. Das hieß, auf sämtliche tierische Produkte zu verzichten – auf Fleisch, Eier, Milch und Käse, aber auch auf Daunen, Wolle und Leder. Schlachthöfe sind ebenso verschwunden wie Zoos und Tierhandlungen. Die Forschung funktioniert wie die Landwirtschaft oder die Bekleidungs-, Kosmetik- und Nahrungsmittelindustrie ohne Massentierhaltung. Tierlos sind die Städte aber nicht. Natürlich leben die wilden Rehe noch, die Füchse und Kaninchen. Bienen bestäuben das Obst, Katzen schnurren am Bettende, Hunde führen die Blinden und bewachen die Villen. Nicht wenige Inselbewohner:innen halten für den Eigenbedarf ein paar Bienenvölker, Hühner, Schweine oder gar Kühe. Aber anders als in Karnivoria werden diese Tiere artgerecht gehalten und sterben einen natürlichen Tod.

Die Entscheidung hat sich bezahlt gemacht, alle vier Inselstaaten ernten heute die Früchte ihrer Unabhängigkeit. Ihre veganen Produkte und Technologien exportieren sie in die ganze Welt. Du wirst sehen: Jede Stadt hat die vegane Revolution auf ihre eigene Art und Weise interpretiert. Dieselbe Vision verfolgend, duellieren sie sich wie ehrgeizige Sportler:innen. Wer wird schneller CO_2-neutral? Wer feiert mehr technologische Durchbrüche? Wer brilliert als Standort für Ideenlieferant:innen, Wissenschaftler:innen und Unternehmer:innen?

Auf dem morgen beginnenden Zukunftskongress werden wir uns jeden Tag mit einer dieser Visionen beschäftigten. Es wäre schade, wenn du die Gelegenheit nicht nutzen würdest, kritische Fragen zu stellen. Denn Ende der Woche wirst Du entscheiden, welchen Weg in die Zukunft Karnivoria einschlagen soll.

Vorläufer der veganen Revolution

Eine vegane Zukunft erscheint 2023 weit weg. Das Trendbarometer zeigt in die entgegengesetzte Richtung. Jedes Jahr werden mehr Nutztiere getötet. In den letzten zwanzig Jahren hat sich der globale jährliche Fleischkonsum auf 320 Millionen Tonnen mehr als verdoppelt, zwischen 1960 und heute fast verfünffacht.[2] Für Deutsche, Österreicher:innen und Schweizer:innen ist Fleisch längst kein Luxusprodukt mehr. Ein Durchschnittdeutscher muss nur gerade 35 Minuten arbeiten, um sich ein Kilo Hähnchen leisten zu können.[3] Auch in nicht westlichen Ländern vervielfachte sich die Produktion. In Indien stieg sie zwischen 1961 und 2017 um das 51-Fache, in China um das 29-Fache. Gleichzeitig nimmt die Fisch- und Meeresfrüchtezucht rasant zu. Mittlerweile stammt die Hälfte der weltweiten »Erträge« von Wassertieren aus Aquakulturen, 2030 sollen es zwei Drittel sein.[4]

Doch dieses Wachstum geht mit einem hohen ökologischen Fußabdruck und mit Risiken einher, die das friedliche Zusammenleben der Menschen bedrohen. Völlig unabhängig von der Sorge um die Lebensqualität und die Rechte der Nutztiere gibt es sieben Gründe, warum die Welt unweigerlich auf Peak Meat zusteuert, also auf den Moment, in dem die Wachstumskurve des Fleischkonsums bricht und dieser kontinuierlich zu sinken beginnt.[5]

Zunahme der Bevölkerung

In den nächsten fünf Jahren wird der globale Fleischkonsum um weitere 13 Prozent steigen, prophezeit der von der Heinrich-Böll-Stiftung herausgegebene *Fleischatlas*. Der Anstieg folgt zum einen aus dem Bevölkerungswachstum. Letztes Jahr erreichte die Menschheit die Acht-Milliarden-Marke. Zwar verlangsamt sich das Wachstum, und China, Russland, Japan oder Italien sind schon am Schrumpfen. Doch das Bevölkerungsmaximum ist noch nicht erreicht. Gemäß den jüngsten Projektionen der

UNO wird die Menschheit 2038 die Schwelle zur neunten Milliarde überschreiten, jene zur zehnten Milliarde circa 2060. Erst ab den 2080er Jahren soll die Weltbevölkerung nicht mehr wachsen, bei einer Größe von etwa 10,4 Milliarden. Gegenüber dem heutigen Stand entspricht dies einer Zunahme von fast einem Drittel. Mehr als die Hälfte des Bevölkerungszuwachses bis zur Jahrhundertmitte findet in nur neun Ländern statt. Zu ihnen zählen Indien, Nigeria, Pakistan, die Demokratische Republik Kongo, Bangladesch, die Philippinen und Ägypten. Tansania und Äthiopien gehören ebenfalls zu diesen Ländern, wobei deren Landwirtschaft stark unter dem Klimawandel leiden wird.[6]

Zunahme des Fleischkonsums

Zum anderen ist der steigende Fleischkonsum ein Ergebnis von Wohlstandsgewinnen – insbesondere der neuen Mittelschichten in Asien und Afrika. *Fleisch ist Status.* Wer andere einlädt oder mit ihnen essen geht, will zeigen, dass er oder sie es geschafft hat. In der Regel gilt: Je höher das BIP, desto höher der Fleischverbrauch. Seit 1960 nimmt er weltweit jährlich um drei Prozent zu.[7] Die Covid-Pandemie und die darauffolgende Inflation brachten die Wachstumskurven zwar kurzzeitig zum Flackern, brechen den Trend aber nicht. Wenn man mehr als fünf Jahre in die Zukunft schaut, nehmen die erwarteten Veränderungen krasse Ausmaße an. Der *World Resources Report* von Weltbank und UNO prognostiziert, dass bis 2050 weltweit 50 Prozent mehr Nahrungsmittel produziert werden müssen. Die FAO geht von einer Steigerung des Fleischkonsums von fast 80 Prozent aus. Der Konsum von Hühnerfleisch dürfte sich verdoppeln, beim Rind erwarten Expert:innen eine Zunahme von 70 Prozent, beim Schwein von 40 Prozent.[8] Auch bei anderen tierischen Produkten wird ein Wachstum erwartet. Allein in China soll die Milchproduktion bis 2050 um 30 Prozent zulegen.[9] Für die Gesundheit des Planeten sind diese Steigerungen eine schlechte Nachricht.

Zunahme der Treibhausgase

Die von allen Rindern der Welt ausgeschiedenen Treibhausgase sind schädlicher als jene aller Pkws. Im Vergleich zum globalen Flugverkehr

14

stößt die Landwirtschaft zehnmal und die Viehwirtschaft dreimal mehr CO_2 aus.[10] Wer sich ein Jahr vegan ernährt, spart etwa so viel CO_2 ein, wie bei einem Langstreckenflug anfallen. Anders als bei der Mobilität, wo die Elektromotoren den Treibhauseffekt lindern oder besser gesagt auf die Energieversorgung lenken, steigen die Emissionen durch die Viehwirtschaft kontinuierlich weiter an. Wenn alle anderen Wirtschaftsbereiche ihre Vorgaben erfüllen und der Trend beim Konsum tierischer Proteine anhält, erhöht sich der Anteil der Viehwirtschaft am CO_2-Gesamtoutput von heute 14 auf über 30 Prozent im Jahr 2030 und über 80 Prozent im Jahr 2050.[11] Der erwartete Temperaturanstieg bewirkt Ernteverluste. Mit jedem zusätzlichen Grad gehen zehn Prozent der globalen Erntepotenziale verloren. Zudem werden mehr Futterimporte notwendig sein, weil zum Beispiel für Milchkühe kein Gras mehr wächst.[12] Wenn der Planet seine Bemühungen, den Klimawandel zu bremsen, nicht intensiviert, könnten die Erträge um ein Drittel einbrechen. Düstere Prognosen gehen gar von einer Halbierung aus – bei gleichzeitiger Bevölkerungszunahme. Von den Verlusten werden bevölkerungsreiche Länder der Subsahara, der Nahe Osten, Südamerika sowie Süd- und Ostasien besonders betroffen sein.[13]

Zunahme der Flächenkonkurrenz

Weiter wird die steigende Flächenkonkurrenz zum Problem. Die zusätzlichen zwei Milliarden Erdbewohner:innen wollen genauso essen und trinken wie ihre Nutztiere. Um zum Beispiel ein Kilogramm Rindfleisch zu produzieren, braucht man 25 Kilogramm Futter. Kein Wunder dienen rund drei Viertel der landwirtschaftlichen Fläche (und damit fast ein Drittel der eisfreien Landfläche der Erde) der Futtermittelproduktion. Aus 35 Prozent des angebauten Getreides entsteht Futter. Insgesamt sind tierische Produkte für 83 Prozent des landwirtschaftlichen Flächenverbrauchs verantwortlich.[14] Die Flächenkonkurrenz nimmt nicht nur zu, weil durch das Bevölkerungswachstum der Bedarf an Wohnraum steigt. Die Menschen nutzen auch immer mehr Raum, um die Probleme des fossilen Zeitalters zu lindern – etwa indem sie Getreide für Biotreibstoffe anbauen oder Solarpanels aufstellen. Vom angebauten Mais verarbeiten die USA heute 40 Prozent zu Kraftstoffen.[15] Bei einem gleichzeitigen Verlust der landwirtschaftlichen Fläche verheißt diese steigende Flächenkonkurrenz nichts Gutes. Der fehlende Zugang zu Nahrungsmitteln könnte Kriege auslösen, Wasser und Düngemittel dürften vermehrt gestohlen werden.

Zunahme der ökologischen Bedrohungen

Die sich ausdehnende Viehwirtschaft bewirkt zudem eine kontinuierliche Verschlechterung des Gesundheitszustandes unseres Planeten. Schon heute wirkt die Zunahme der ökologischen Bedrohungen bedenklich. Zum Beispiel gibt es immer mehr resistente Keime, die mit den uns heute bekannten Medikamenten nicht mehr zu bekämpfen sind. Sie bedrohen nicht nur die Gesundheit der Nutztiere, sondern auch die der Menschen. Jährlich sterben 1,3 Millionen Patient:innen, weil unsere bekannten Antibiotika nicht mehr wirken. Ein zentraler Grund für diese Resistenzen ist ihr übermäßiger Einsatz in der Massentierhaltung. Die Bauern verschreiben sie, um Ertragsausfälle präventiv zu verhindern und Krankheiten zu behandeln – aber auch um das Wachstum anzuregen. Fast jede Schweizer Kuh wird jährlich am Euter mit Antibiotika behandelt.[16] Ebenfalls verschlechtert sich die Gesundheit der Böden. Die Nahrungsmittel, die wir heute ernten, sind weniger nahrhaft als früher.[17] Ein weiteres Beispiel für die schlechte planetare Gesundheit ist die sinkende Biodiversität. Expert:innen führen das Problem maßgeblich auf die Landwirtschaft zurück. Der Konsum von Fleisch gilt als größter Treiber des Biodiversitätsverlusts überhaupt – insbesondere aufgrund des riesigen Verlusts wilder Natur, der wiederum auf die Produktion von Kraftfutter für die Nutztiere zurückgeht.[18] Weiter gefährden Pestizide und Monokulturen die Biodiversität.

Zunahme der Versorgungsunsicherheit

Je mehr die Biodiversität in und auf dem Boden abnimmt, desto anfälliger wird der Planet für Lücken in seinen Nahrungsketten.[19] Wenn die Insekten eingehen, tun sich Vögel, Reptilien und Fledermäuse schwerer, sich zu ernähren. Für die Produktion menschlicher Lebensmittel hat dies gravierende Folgen. Die Artenvielfalt ist ein entscheidender, wenn auch unsichtbarer Produktionsfaktor der Landwirtschaft.[20] Vögel und Insekten fressen potenzielle Schädlinge und stabilisieren dadurch die Erträge. Das Insektensterben ist zusätzlich gefährlich, weil 70 Prozent der Pflanzen von »Bestäubungsleistungen« abhängig sind, die Vögel, Insekten und Fledermäuse erbringen. Unterbrochene Nahrungsketten machen die Versorgungslage noch instabiler, als sie es durch die Extremwetterereignisse infolge des Klimawandels sowieso schon ist.[21] Sinkende landwirtschaftliche Erträge, ein stetiges Bevölkerungswachstum und steigende Nahrungsmittelpreise machen den Zugang zu Nahrung zum Erpressungsmittel. Der neue Kornkrieg Russlands zeigt, dass diese Ängste keine wilde Fantasie von Zukunftsforscher:innen sind. Dieselbe Gefahr gilt für Wasser, entfallen doch 70 Prozent des Süßwasserverbrauchs auf die Landwirtschaft.[22]

Zunahme der Verteilungsungleichheit

Dass sich das System in Schieflage befindet, zeigt sich im Übrigen an der globalen Verteilung der produzierten Lebensmittel. 800 Millionen Menschen, mehrheitlich im subsaharischen Afrika und in Südasien leiden unter chronischem Hunger. Ein Viertel der Menschen ist mangelernährt. Absurderweise entspricht dies genau dem Anteil, der an Übergewicht leidet.[23] Während das Übergewicht durch die hohen Folgekosten die Gesundheitssysteme stark belastet, untergräbt die Unterernährung die politische Stabilität, lokal und global. Fehlender Zugang zu Lebensmitteln war immer schon eine zentrale Ursache von Aufständen, auch jüngeren, so etwa beim Arabischen Frühling oder beim gescheiterten Versuch der sri-lankischen Regierung, auf Biolandwirtschaft umzustellen.[24] In dieser Logik ist absehbar, wo künftig soziale Unruhen ausbrechen werden. Besonders gefährdet sind Länder, in denen ein hoher Anteil des Haushaltsbudgets für Lebensmittel aufgewendet werden muss. Dazu zählen El Salvador, Haiti, Grenada, Jamaica, Kirgistan, Tadschikistan, Uganda, Mali, Niger, Mozambique, Bangladesch und eben Sri Lanka. Wo Menschen keinen Zugang zu Nahrungsmitteln haben, drohen Auswanderungswellen, die in den Aufnahmeländern wiederum rechtspopulistischen Bewegungen Auftrieb geben.

Anpassung als Leitmotiv und Megamarkt

Aus all den genannten Gründen ist das Design des globalen Ernährungssystems *das* Schlüsselproblem unseres Jahrhunderts.^{25} Ohne Essen sterben Menschen. Haben sie zu wenig davon, werden sie krank und rebellieren. Das Redesign des Ernährungssystems erstreckt sich über zahlreiche Berufe und definiert,»wie wir unsere Nahrung anbauen, verkaufen, verarbeiten, verpacken, verteilen und kaufen und essen«.^{26} Eigentlich ist die Lösung für all diese Probleme längst auf dem Tisch. Politiker:innen mögen um den heißen Brei reden, aber die planetaren Grenzen lassen keinen anderen Schluss zu: Die Menschheit wird in Zukunft viel weniger Fleisch und – genauso wichtig – viel weniger Milchprodukte konsumieren. Sie wird Schritt für Schritt eine vegane Gesellschaft werden.

Dieses Redesign des Ernährungssystems ist ein typisches Beispiel für eine *Anpassung*, die der Soziologe Philipp Staab als Leitmotiv künftiger Gesellschaften beschreibt.^{27} Innovation heißt demnach, in den nächsten Jahrzehnten nicht noch mehr Selbstverwirklichung zu fördern und Konsum anzukurbeln, sondern sich vor den Gefahren eines Planeten im Wandel zu schützen und seine Zerstörung zu stoppen. Unsere Spezies wird lernen müssen zu exnovieren, also alte Innovationen und Vorstellungen der Zukunft loszuwerden, in diesem Fall die industrielle Haltung von Nutztieren. Verzichtet sie darauf, ihr Ernährungssystem grundlegend zu erneuern, formiert sich ein Teufelskreis, der in letzter Konsequenz ihr Überleben gefährdet. Mehr Fleisch und Milchprodukte zu produzieren, heißt, mehr intensive Landwirtschaft zu betreiben und mehr Klimawandel zuzulassen. Genauso impliziert der Verzicht auf Exnovation, mehr Risiken für Pandemien, mehr Schädlingsausfälle, schlechtere Böden, weniger nahrhafte Lebensmittel, weniger Biodiversität und eine instabilere Versorgungslage für Lebensmittel in Kauf zu nehmen.^{28}

Aus anderer Perspektive – und nun werde ich optimistischer – sind die Kräfte, die Peak Meat begründen, die Vorläufer einer Revolution, welche die Nutztiere in die Freiheit lässt, die menschliche Gesundheit verbessert und der Klimakrise entgegenwirkt. Die vegane Revolution mildert sämtliche aufgezählten ökologischen und sozialen Risiken ab. Fleischesser:innen produzieren doppelt so viel Treibhausgase wie Vegetarier:innen und

18

2,5-mal so viel wie Veganer:innen. Würde sich der ganze Planet vegan ernähren, müsste man mindestens ein Drittel weniger Getreide anbauen.[29] Anders als die Populist:innen behaupten, würde die Menschheit beim Umstellen auf eine Ernährung ohne Fleisch und Käse weder krank, noch würde sie ihre Energie, Potenz und Innovationskraft verlieren. Das von Fleischindustrien und konservativen Politiker:innen gestreute Vorurteil, eine vegane Ernährung sei ungesund oder mit unserem Körper inkompatibel, ist schlichtweg falsch. Im Gegenteil: Eine bewusste vegane Ernährung inklusive Substituierung von Vitamin B_{12} verringert die Risiken für Herzkrankheiten, Übergewicht und Krebs.[30]

Veganismus als Megawachstumsmarkt

Aus einer wirtschaftlichen Perspektive ergeben sich durch eine vegane Ernährung riesige Wachstumsmärkte. Man könnte von der Entstehung der *Veganomics* sprechen. Bis 2035 erwarten die Berater:innen der Boston Consulting Group für nicht tierische Proteine einen Marktanteil von 11 bis 22 Prozent. Anders gerechnet handelt es sich um einen Markt, der in zehn Jahren fünf- bis elfmal größer sein wird als heute. 2021 wurden 1,7 Milliarden US-Dollar in die Fermentierung alternativer Proteine investiert, Tendenz stark steigend. Andere berechneten, bis 2040 würden 60 Prozent des globalen Fleisches vegan sein, davon würde über die Hälfte aus Zellkulturen stammen.[31]

Das enorme wirtschaftliche Potenzial der Veganomics zeigt sich auch darin, dass diese neben der Landwirtschaft, der Nahrungsmittelindustrie und der Gastronomie weitere Branchen betreffen: den verteilenden Handel, die veredelnden Lebensmitteltechnologien, die multiplizierende Werbeindustrie inklusive sozialen Medien, die Leder, Wolle und Federn verwertende Kleidungsindustrie und nicht zuletzt die Verpackungsindustrie. Am Rande werden von einer Neujustierung der Ernährung die Pharmabranche (welche die Medikamente für die Milliarden Nutztiere herstellt), die Transportindustrie (welche die Nutztiere befördert) und die Veterinärmedizin (welche die Nutztiere pflegt) betroffen sein.

Diese Aufzählung lässt vermuten: Die vegane Revolution wird ebenso radikal wie umfassend sein.[32] Fast unsichtbar hat sie längst begonnen. Einige Industrieländer verzeichnen einen abnehmenden Fleischkonsum. Ab einem gewissen Einkommen steigt der Fleischkonsum in reichen Ländern nicht mehr an. In der Schweiz besteht jeder sechste im Supermarkt gekaufte Burger aus Kichererbsen, Bohnen oder Tofu – obwohl Pflanzenburger im Schnitt 42 Prozent teurer als Fleischburger sind.[33] 2023 meldete das ZDF, der Fleischkonsum in Deutschland sei so tief wie zuletzt vor dreißig Jahren. Besonders der Verzehr von Schweinefleisch ist rückläufig, konstant ist dagegen der Konsum von Geflügel.[34] Zwei Drittel der 15- bis 29-jährigen Deutschen lehnen die heutige Fleischindustrie ab. Sie sorgen sich um die Gefahren des Klimawandels, die Bodenknappheit und das Wohl der Tiere.[35] Metzger will auch niemand mehr werden. 2002 gab es deutschlandweit im Metzgerhandwerk noch über 7500 Azubis, zwanzig Jahre später waren es nur noch 2600.[36]

Trotzdem erscheint der Weg in eine vegane Zukunft unendlich lang. In der Schweiz und in Deutschland ernähren sich nur etwa zwei Prozent der Menschen vegan. Berücksichtigt man weiter, ob die Kleidung vegan ausgewählt wird, fallen die Anteile noch geringer aus.[37] Den Wandel treiben LGBTQI und Frauen an: Veganer:innen sind tendenziell weiblich, jung, gut gebildet und leben in Städten. Die soziodemografischen Unterschiede sind beträchtlich. Junge Veganerinnen sind vier- bis fünfmal häufiger als alte Veganer.[38]

Aufbau und Form dieses Buchs

Längst gibt es genügend Bücher, die darlegen, warum wir in Zukunft vegan leben sollten, wie viel Tierleid die Viehwirtschaft verursacht, warum sie maßgeblich dazu beiträgt, dass sich die Klimasysteme am Rand des Kollapses befinden und warum eine vegane Ernährung – wenn bewusst und kontrolliert praktiziert – einer Mischkost gleichwertig ist.[39]

Allerdings gehen die meisten dieser Bücher nicht über die ökologischen, emotionalen und ethischen Gründe hinaus, die gegen eine industrielle Nutztierhaltung sprechen. Im Tonfall sind sie moralisierend, sachlich, streng und düster. Allenfalls machen sie Vorschläge, die es uns als Individuum erleichtern, vegan zu leben, beispielsweise anders zu kochen. Oder sie erzählen davon, wie sich eine Bäuerin nach einem Schlüsselereig-

20

nis entschied, aus der Milch- und Fleischproduktion auszusteigen. Solche Berichte sind wertvoll, weil sie uns emotional berühren und uns anregen, unser Verhalten zu überprüfen. Was aber bisher im Diskurs weitgehend fehlt, sind größer angelegte Überlegungen, die zeigen, wie ein Leben ohne Nutztiere für eine ganze Gemeinschaft funktionieren könnte und wie ein solcher Wandel politisch, technisch und ökonomisch zu begleiten wäre.

Das wird hier nachgeholt. Mit einem Porträt der milliardenschweren Veganomics, die sich überall auf der Welt zu entfalten beginnen, möchte ich Lust auf die Zukunft machen. Denn wer die Nutztiere in die Freiheit entlassen will, muss mehr bieten als eine Kritik der Märkte, Akteure und Nebenwirkungen der industriellen Tierhaltung. Verbote und Moralpredigten reichen nicht, um ein System neu aufzusetzen. Um Politiker:innen, Aufsichts- und Verwaltungsrät:innen für die vegane Revolution zu begeistern, sind plastische Einblicke gefragt. Entscheidungsträger:innen mögen keine Unsicherheit. Sie wollen bereits in der Gegenwart erkennen, warum sie in eine vegane Zukunft investieren sollten, welche Kennzahlen sich verändern und wie das Changemanagement den Wandel unterstützen könnte.

Karnivoria versus Vegania

Ungewöhnlich für ein Sachbuch wird sich das Gedankenspiel einer veganen Zukunft in einer fiktiven Erzählung bewegen. Das Buch berichtet von der Unabhängigkeit Veganias und den Bestrebungen Karnivorias, sich ebenfalls unabhängig von seinen Nutztieren zu machen.

Während die Inseln Veganias stellvertretend für die Varianten einer veganen Zukunft stehen, repräsentiert Karnivoria unsere Gegenwart – zum Beispiel jene fünf Staaten der Welt, die am meisten Fleisch produzieren: China, die USA, Brasilien, Russland und Deutschland.[40] In der hier erzählten Geschichte bleibt Karnivoria seiner industriellen Nutztierkultur treu und verharrt in einer altmodischen und industriellen Zukunft, die sich in der zweiten Hälfte des 19. Jahrhunderts herausgebildet hatte. Man isst das Fleisch und die Milchprodukte der Tiere, die man unter zweifelhaften Bedingungen gefangen hält. Man fischt die Meere leer, kleidet sich mit Daunen, in Leder und Wolle. Vegania aber hat den Glauben an eine Fleischkultur verloren und verzichtet beim Putzen, Forschen und Schminken, bei der Ernährung und bei der Kleidung auf die Rohstoffe von industriell gehaltenen Nutztieren.

Die Geschichte von Karnivoria und Vegania wird spielerisch erzählt. Wie die Einleitung zeigt, hat sie aber einen ernsten Hintergrund. Es geht um nicht weniger als die Frage, wie der Planet seine zehn Milliarden Bewohner:innen ernähren kann und wie verheerend die Rache der Nutztiere (in Form einer stark dezimierten Biodiversität, ausgedehnter Dürren, Parasitenplagen, Hitzewellen und Pandemien der Spezies Mensch) in den nächsten Jahrzehnten ausfallen könnte. Es ist deshalb erstaunlich, wie wenig Platz die Thematik auf den einschlägigen Kongressen, in den Trendmagazinen und Innovationsinkubatoren einnimmt. Das Design des globalen Ernährungssystems hat eine Dringlichkeit, die keine andere diskutierte Herausforderung der Menschheit besitzt – nicht der Umzug ins Metaversum, nicht das Zusammenleben mit künstlicher Intelligenz, nicht der Wandel der Mobilität, nicht die Reise zum Mars.

Natürlich wird die Welt nicht sofort und niemals vollständig vegan funktionieren. Realistisch ist vielmehr eine Übergangsphase von mehreren Jahrzehnten, um das globale Ernährungssystem Schritt für Schritt neu zu justieren. Einerseits wird die Akzeptanz für einen veganen Lebensstil wachsen müssen. Das wird auch deshalb passieren, weil die Preise für tierische Produkte durch CO_2-Steuern sowie immer höhere Rohstoffpreise zwangsläufig steigen werden. Andererseits müssen Alternativen für tierische Produkte skalieren, um preislich attraktiver zu werden. Ein veganer Burger muss weniger kosten als ein tierischer, sollen die Konsument:innen im Supermarkt tatsächlich in Scharen danach greifen. Gemäß dem Verlauf der exponentiell verlaufenden Wachstums- und Innovationsdiffusionskurven – die auch die digitale Transformation kennzeichnen – wird auch die vegane Revolution immer schneller ihre disruptive Kraft entfalten.[41]

Die Kapitel im Überblick

Der erste Teil des Buchs schildert, wie sich die vier Inseln Veganias nach dem ersten perfekten Sturm erfolgreich von Karnivoria lösten und zu führenden Akteuren der Veganwirtschaft aufstiegen. Einblicke in diese

Innovationsprogramme gibt der Zukunftskongress, durch den Karnivoria nach einem zweiten perfekten Sturm seinen Ausstieg aus der industriellen Haltung von Nutztieren planen will. Anhand der Berichte von zahlreichen Spion:innen, welche die Welten Veganias intensiv erforscht haben, zeigt das Buch Möglichkeiten auf, wie sich die Menschheit im 21. Jahrhundert von seinen tierischen Rohstoffen verabschieden könnte.

Zwar streben alle Inseln Veganias eine Zukunft ohne industrielle Haltung von Nutztieren an. Doch unterscheiden sie sich darin, wie radikal und technologieintensiv sie sich von den Nutztieren abgewandt haben. Auf jeder Insel stehen deshalb andere Innovationen, Zukunftsbranchen, Investitionen und Verhaltensveränderungen im Zentrum.

- *Chlorella* verschrieb sich ganz den Pflanzen. In der streng veganen Stadt wurden sämtliche Rohstoffe der Tiere durch Erbsen, Hanf, Flachs, Sonnenblumen und Sojabohnen, aber auch durch Pilze und Algen ersetzt.
- Die *High Tech Islands* vertrauen auf neue Technologien, um ohne Fleisch, Milch und die Häute der Tiere zu leben. Die Wissenschaftsstadt produziert Fleisch und Fisch im Bioreaktor und perfektioniert die urbane Präzisionslandwirtschaft.[42]
- *Tenebrio* ersetzt die Rohstoffe von Kühen und Hühnern durch die Körper von Insekten, Muscheln und Quallen. Diese Lösung entspricht einem Downsizing hin zu Nutztieren ohne hochentwickeltes Nervensystem.
- *Zirkula* schließlich setzt voll auf Kreislaufwirtschaft und Recycling. Man hält Ziegen, Kühe und Hühner in kleinem Umfang. Nach deren natürlichem Tod werden die Rohstoffe in die Kreisläufe zurückgeführt. Verbrannt wird hier gar nichts.

Der Blick auf die Inseln ist ökonomisch gefärbt. Als Zukunftsforscher mit betriebswirtschaftlicher Ausbildung interessieren mich vor allem die Branchen, Technologien und Unternehmen der vier Inseln. Ich bin überzeugt: Veganomics hat nicht nur ökologische und tierethische Vorteile, sondern auch ökonomische, gerade für Europa. Gleichzeitig stellt der Wandel eine große Herausforderung dar. Den Herausforderungen und Vorteilen widmet sich das Kapitel »Übergang«. Die Spion:innen werden thematisieren, warum wir uns vor der veganen Revolution nicht zu fürchten brauchen und warum wir sie lieber heute als morgen beginnen. Sie sprechen über das Potenzial eines veganen Superzyklus, über die Zielkonflikte einer veganen Zukunft als demokratische Spielwiese, über Hilfsmittel im Changemanagement sowie über zukünftige Menschenbilder. Ihre Botschaft ist klar: Wir alle stehen in der Verantwortung, die vegane Revolution mitzutragen. Im Anschluss werde ich im Kapitel »The Future ist now« aus einer persönlichen Sicht darlegen, warum ich nach der Arbeit an diesem Buch versuche, mich vegan zu ernähren und welche Insel Veganias meine liebste ist.

Der zweite Teil des Buches deckt gewissermaßen das Vorabendprogramm des Kongresses ab. Es richtet sich an alle jene, die besser verstehen möchten, warum Karnivoria 2045 keine andere Wahl hatte, als sich mit den Wirklichkeiten Veganias zu beschäftigen.[43] Drei ausführliche Referate legen die Gegenwart, die Geschichte und die Dysfunktionalitäten Karnivorias dar. Sie zeigen auf, in welchen Produkten unseres Alltags sich überall tierische Rohstoffe verstecken und anhand welcher Zahlen sich die Abhängigkeit unserer Kultur von den Nutztieren ablesen lässt. Zudem zeichnet das Buch nach, wie Karnivoria entstanden ist. Das hilft, seine innere Logik, seine ideologische Kraft und einige Wandelblockaden zu verstehen. Eine vegane Zukunft ist deshalb so schwierig zu erreichen, weil Gewohnheiten, Romantisierungen und irrige Annahmen im Wege stehen, die sich tief in unsere Kultur eingeschrieben haben. Verantwortlich ist mitunter eine konservative Politik, die den Konsum tierischer Produkte fördert und ein heillos veraltetes Ernährungssystem schützt. Die Nationalstaaten waren nicht nur für die Entstehung Karnivorias wichtig, sie finanzieren auch die Maßnahmen, die das System am Leben halten. Sie zahlen Subventionen und investieren in Werbung, damit wir weiter Fleisch und Milchprodukte verzehren.

Dieser düstere Teil steht bewusst hinter der Utopie Veganias. Ich möchte dadurch zum nicht linearen Lesen einladen und Wiederholungen vermeiden, die unweigerlich für alle jene auftreten, die sich schon lange mit dem Thema Veganismus beschäftigen. Vor allem soll dieses Buch Spaß machen und die Angst vor einer Zukunft nehmen, in der manche kein Fleisch, andere weniger Fleisch und Dritte neues Fleisch essen werden.

TEIL 2

Vegania

Vegania

Karnivoria City, 2045

Es kam anders, als die Optimist:innen und Technikgläubigen gehofft hatten. Der Klimawandel ging ungebremst weiter und 2039 zog ein zweiter perfekter Sturm auf. Wieder kostete er Millionen Menschen und Milliarden Nutztieren das Leben. Wer sich dafür interessiert, wie es zu dieser Katastrophe kam, sei eindringlich auf die Kongressunterlagen verwiesen, welche die Referate des Vorabendprogramms dokumentieren.

Heute ist allen klar: Es kann nicht weitergehen wie bisher, ein globales Ernährungssystem mit weniger tierischen Produkten ist alternativlos. Die Zeichen des Niedergangs Karnivorias sind unübersehbar geworden. Das ist der Grund, warum euch die Regierung zum heute beginnenden Zukunftskongress eingeladen hat. Ihr werdet entscheiden, welche Stadt Veganias unser Vorbild sein wird. Allerdings werdet ihr die Entscheidung nicht alleine treffen. Am Kongress nehmen neben euch Losgewinner:innen alle Minister:innen teil, die das postkarnivorische Zeitalter am meisten beschäftigen wird. Sie leiten das Landwirtschafts- und Wissenschafts-, das Handels-, Wirtschafts- und Polizeiministerium.

Vermutlich wisst ihr längst, wie intensiv wir diesen Kongress ein Jahr lang vorbereitet haben. Denn um uns nicht von unseren Emotionen leiten zu lassen und aufgrund von konkreten Alternativen zu entscheiden, werden wir in den Kongresstagen fachliche Unterstützung erhalten. Die Regierung hat zahlreiche Spion:innen nach Vegania entsandt, die die dortigen Lebensweisen und Wirtschaftszweige untersucht haben. Nicht nur sollten sie entdecken, wie es Vegania gelang, sich aus der Abhängigkeit von den Nutztieren zu befreien. Ebenso sollten sie nachvollziehen, wie die Städte seit ihrer Unabhängigkeit global erfolgreiche und milliardenschwere Industrien des Veganismus entwickelt haben.

Die Lichter gehen aus und der Präsident Karnivorias betritt die Bühne. Es herrscht gebannte Stille. Endlich ist es so weit: Der Zukunftskongress beginnt.

g 1: Ausweg Proteinwende

Der perfekte Sturm

Liebe Ministerinnen und Minister, liebe Bürgerinnen und Bürger! Niemals hätte ich gedacht, eines Tages einen Kongress zu eröffnen, auf dem wir uns über eine vegane Zukunft unterhalten. Ich hätte gelacht, gespottet und geflucht, wenn ihr mir dies vorausgesagt hättet. Das Kongresszentrum, in dem wir heute tagen, zeugt von unserer Überzeugung, niemals unsere geliebte Fleischkultur aufzugeben. Liebe Losgewinnerinnen und Losgewinner, wie ihr seht, ließen wir es damals nach dem ersten perfekten Sturm in der Gestalt einer goldenen Sau errichten. Wir wollten der ganzen Welt demonstrieren: Karnivoria wird sich niemals von seinen Nutztieren trennen.

Heute gebe ich zu, für viele Politiker, Topmanager und Wissenschaftler Karnivorias war bereits 2023 sonnenklar: Die Ernährung und damit die Landwirtschaft würden in Zukunft ganz anders aussehen. Sie warnten, aufgrund der ökologischen und ethischen wie auch der ökonomischen Probleme infolge steigender Rohstoffpreise würde man die Viehwirtschaft nicht im selben Stil weiterbetreiben können. Sie zeigten auf, warum ein nicht verändertes Ernährungssystem durch die zwei zusätzlichen Milliarden Menschen, die bis Ende des Jahrhunderts die Welt bevölkern würden, eher früher als später implodieren würde. Nein, die Vordenkerinnen und Vordenker waren nicht müde geworden, auf die Gefahren der Fleischzukunft hinzuweisen. Sollte es Karnivoria misslingen, seine Landwirtschaft weniger an Fleisch- und Milchprodukten auszurichten, würden Millionen Menschen Hunger leiden und sich gegen die Eliten auflehnen. Doch ihr Weckruf verhallte ungehört.

Liebes Publikum, 2045 wissen wir, unsere Kritikerinnen und Kritiker hatten recht. 2029 zog der erste perfekte Sturm auf, der Millionen Menschen und Nutztieren das Leben kostete und eine schwere Hungerkrise heraufbeschwor. Die anschließende globale Wirtschaftskrise, in-

28

klusive Sturz der Börsen, die sich bis heute nicht erholten, komplettierte den *Clusterfuck*.[44] Zugegeben, die genauen Ursachen der Dreifach-Pandemie sind bis heute nicht vollständig geklärt, aber in der Wissenschaft herrscht mittlerweile Einigkeit darüber, dass neben der intensiven Nutztierhaltung vor allem der Trend zu Monokulturen den Clusterfuck herbeigeführt hat. Ja, die zweite Multipandemie wäre zu verhindern gewesen. Wir hätten das System früher rebooten sollen. Nicht nur hätten wir viele Menschenleben gerettet und eine Überlastung unserer sozialen Sicherungssysteme abgewendet. Vielleicht wäre gar die Abspaltung Veganias zu verhindern gewesen?

Hätten wir nicht gezögert, wären wir jetzt nicht getrennt und könnten ebenfalls von den lukrativen veganen Zukunftsmärkten profitieren. So aber steht Karnivoria vor einem Scherbenhaufen und die Versäumnisse der letzten Jahrzehnte verlangen schnelle Erfolge. Zweifellos besteht die Gefahr, die Bürgerinnen und Bürger in große Unruhe zu versetzen. Die Dringlichkeit der notwendigen Maßnahmen steht ganz im Gegensatz zum kulturellen Erbe von Landwirtschaft und Ernährung, das sich langsam, im Rhythmus der Jahrzehnte, ändert. Ich versichere euch, der Regierung ist klar: Es steht ein großer gesellschaftlicher, ökologischer und wirtschaftlicher Wandel bevor. Milliarden von Arbeitsplätzen werden betroffen sein, am offensichtlichsten jene von Metzgern, Fischern, Bauern, Lebensmittelhändlern und -technikern. Der Kongress, den wir heute beginnen, soll Karnivoria helfen, die Schäden und Narben des zweiten perfekten Sturms durch ein demokratisch gewähltes Programm hinter sich zu lassen.[45] Liebe Losgewinnerinnen und Losgewinner, zusammen mit den Ministerinnen und Ministern werdet ihr als geloste demokratische Vertreterinnen und Vertreter vier Varianten diskutieren und gewichten, wie sich Karnivoria von den tierischen Rohstoffen emanzipieren und sein Ernährungssystem neu aufstellen könnte.[46]

Um über den anstehenden Wandel zu sprechen, haben wir in der Vorbereitung des Kongresses einen Begriff Veganias übernommen: die *Proteinwende*.[47] Er steht für eine Zukunft, in der die Proteine Karnivorias nicht mehr von Nutztieren stammen. Glücklicherweise zeigen die

Städte Veganias: Es gibt viele Wege, um diese Wende zu vollziehen. Um sie besser zu verstehen, nisteten sich unsere Spioninnen und Spione in den Laboren und Denkstuben der Wissenschaften ein. Sie arbeiteten in Start-ups mit, lebten geisterähnlich in den veganen Großstädten. Auf dem Zukunftskongress werden sie ihre Erkenntnisse endlich vorstellen und mit euch diskutieren. Auf dieser Grundlage wollen wir über das Zukunftsmodell für Karnivoria debattieren. Welche Rohstoffe, Technologien, Forschungsprojekte und Wirtschaftszweige wir fördern, hängt von euren Stimmen ab. Wir werden uns nicht für einen einzigen Weg in die Zukunft entscheiden. Vielmehr wird sich aus euren Stimmen eine Kombination der Visionen Veganias ergeben. Je mehr Stimmen eine Stadt erhält, desto mehr werden wir ihre Essgewohnten, Schlüsseltechnologien und Forschungsvorhaben übernehmen.

Doch bevor wir mit dieser spannenden Aufgabe beginnen, wollen wir euch in der Auftaktveranstaltung heute Abend ein paar allgemeine Informationen zur Proteinwende mit auf den Weg geben. Die Referentin, die in den letzten Jahren die Arbeit der Spioninnen und Spione koordiniert hat, wird in ihrer Keynote die Kernfrage der veganen Revolution beleuchten: Wie kann es gelingen, sich von tierischen Proteinen zu lösen – und warum ist dies einfacher als gedacht?

Auf zur Proteinwende

Der Präsident übergibt das Mikrofon. Die Koordinatorin der Spion:innen beginnt ihren Vortrag, ohne sich lange mit feierlichen Begrüßungsworten aufzuhalten. Sie meint, jede vegane Gesellschaft müsse sich zunächst der Proteinfrage stellen. Ohne Proteine geht der menschliche Körper ein. Er stellt mit ihnen Immunzellen, Hormone, Enzyme und Kollagen her, baut und festigt seine Muskeln. Proteine schützen das Herz, sorgen für gesunde Knochen, regulieren den Blutzuckerspiegel und unterstützen das Immunsystem. Sie beschleunigen den Stoffwechsel und kurbeln die Fettverbrennung an.[48] Für Erwachsene sind 0,8 Gramm pro Kilogramm Körpergewicht und Tag gefragt. Eine Frau mit dem Gewicht von 60 Kilogramm hat folglich einen Bedarf von etwa 48 Gramm pro Tag, bei Männern mit einem Referenzgewicht von

70 Kilogramm sind es 56 Gramm. Je nach Alter und Lebenssituation ist der Proteinbedarf größer oder kleiner, ältere Menschen und Schwangere brauchen etwas mehr.[49]

Aus diesem Bedarf lässt sich das Proteinangebot ableiten, das Karnivoria durch seine Landwirtschaft zur Verfügung stellen muss. Die Referentin betont, für den menschlichen Körper spiele es keine Rolle, ob die Proteine eine tierische oder pflanzliche Herkunft haben. Zwar sprechen die Studien Karnivorias den tierischen Proteinen eine höhere »biologische Wertigkeit« zu. Doch wenn man mehrere Pflanzenproteine kombiniert, macht man diesen Mangel problemlos wett. Besonders hochwertige Proteine liefern etwa Sojabohnen, Buchweizen, Quinoa, Reis, Kartoffeln, Bohnen, Mais, Hafer und Linsen.[50]

Vergleicht man nun den Bedarf unseres Körpers mit dem Vorkommen in einigen Lebensmitteln, erkennt man, wie vielfältig und einfach der Proteinhunger gestillt werden kann (vergleiche Tabelle 1).[51] Gerechnet auf drei Mahlzeiten, reichen jeweils 15 bis 20 Gramm Proteine, um das Tagessoll zu erfüllen, beispielsweise 100 Gramm Kichererbsen oder Amarant. Ein Stück Kuchen mit Mandelmehl deckt den gesamten Tagesbedarf. In wohlhabenden Ländern ist diese Marke eher theoretischer Natur, denn hier nehmen die Menschen mehr Proteine auf, als die Expert:innen empfehlen. Es gibt einen regelrechten *Proteinüberschuss*. Deutsche Männer zum Beispiel konsumieren im Schnitt 50 bis 100 Prozent zu viele Proteine, bei den Frauen beträgt der durchschnittliche Überschuss 40 Prozent.[52]

Glauben sie noch immer an die Mär von den Lebenskräften des toten Tiers? Zwei Drittel ihrer Proteine haben eine tierische Herkunft, die meisten gehen auf den Konsum von Fleisch zurück. Nachhaltig ist das nicht. Neben der Umwelt leidet die menschliche Gesundheit. Ein übermäßiger Verzehr von Fleisch ist ungesund, weil viele gesättigte Fettsäuren und Cholesterin aufgenommen werden. Der übermäßige Proteinverzehr durch Fleisch und Fleischprodukte geht mit einem steigenden BMI einher. Einfacher ausgedrückt: Je dicker ein Mensch, umso mehr Fleisch isst er und umso mehr gefährdet er seine Gesundheit.[53]

Tab. 1 Proteine pro 100 g Lebensmittel

Lebensmittel	Proteine pro 100 g
Mikroalgen	60–70 g
Trockenfleisch	51 g
Mandelmehl	51 g
Süßlupinen	40 g
Kürbiskerne	36 g
Parmesan	35 g
Erdnussbutter	30 g
Rinderfilet	30 g
Geflügel gebraten	29 g
Mungobohne	23 g
Lachs geräuchert	23 g
Kichererbsen	20 g
Garnelen	19 g
Cashewkerne	18 g
Jakobsmuschel	17 g
Tofu	15 g
Amarant	14 g
Haferflocken	14 g
Magerquark	13 g
Quinoa	13 g
Hühnerei gekocht	13 g
Linsen gekocht	11 g
Edame (Sojabohne)	11 g
Jackfruit	9,5 g
Champignons gedünstet	5 g

Die Koordinatorin des Agententeams erklärt, die Entscheidungsträger:innen Karnivorias vertrauten darauf, die Proteinwende innerhalb einer Generation abzuschließen. Es sei klar, dass jemand, der noch nie Fleisch konsumiert habe, dieses in einer veganen Zukunft nicht vermissen werde. Vielmehr würden sich künftige Kinder eher ekeln, Fleisch und Fisch zu essen. Dasselbe gelte für Eier und sämtliche Milchprodukte. Wer als Kind immer Hafer- statt Kuhmilch trinkt, wird kaum erwägen, Kuhmilch in seinen Kaffee zu schütten. In Vegania wachsen Kinder mit Soja- und Kokos-Joghurt auf und genießen Mousse au Chocolat, die mit Aquafaba zubereitet wird. Warum sollten sie künftig den Hühnern noch ein Ei stehlen, wenn man die Mousse mit dem Wasser eingelegter Kichererbsen steifschlagen kann?[54] In hundert Jahren, so die Referentin, werde den Menschen Karnivorias eine tierproteinbasierte Ernährung ebenso verrückt vorkommen wie heute eine vegane.

Nach dem kurzen Referat übernimmt noch einmal der Präsident Karnivorias das Wort. »Liebe Losgewinnerinnen und Losgewinner, hiermit endet der offizielle Teil unseres ersten Kongresstages. Der Kongress will euch nicht überfordern, und die Diskussionen unter euch sollen auf keinen Fall zu kurz kommen. Für welche vegane Zukunft sich Karnivoria entscheidet, wollen wir euch nicht vorschreiben, sondern gemeinsam mit euch herleiten. Morgen werden wir Gelegenheit haben, eine erste Variante kennenzulernen. Die Spioninnen und Spione aus Chlorella werden auftreten und uns eine Stadt vorstellen, in der alle tierischen Rohstoffe durch pflanzliche ersetzt wurden. Zunächst möchte ich euch aber zum Festessen einladen, wo ihr zum letzten Mal diese Woche das Fleisch aus Karnivoria essen könnt.«

Tag 2: Chlorella – Pflanzenzukünfte

Die Chlorella-Vision

Die große Hafenstadt Chlorella verfolgt den offensichtlichsten Weg in eine vegane Zukunft: Alle tierischen Proteine wurden durch pflanzliche ersetzt, die man im Hinterland, aber auch auf Dächern und an der Küste anbaut. Seine Pflanzen schätzt die Stadt als ausgeklügelte Maschinen, die effizient und ohne Umweltschäden Sonnenlicht in hochwertige Energie und Rohstoffe verwandeln.

Um den Einwohner:innen den Übertritt in eine fleischlose Zukunft zu erleichtern, entwickelte Chlorella zunächst eine Fülle von pflanzlichen Ersatzprodukten, die genau gleich aussahen und schmeckten wie Fleisch. Das erlaubte den Bewohner:innen, nahtlos in der Kultur des Fleisches weiterzuleben. Erst als sich die gröbsten Widerstände aufgelöst hatten, begann man, die Freude am Kochen mit Pflanzen zu wecken. Gesund, saisonal und farbig soll das Essen heute sein, lokal produziert auf einer der vielen vertikalen Stadtfarmen.

Auf Chlorella ist nicht nur die Ernährung total *plantbased*, sondern auch Möbel, Kleidungstücke und Schuhe werden ausschließlich aus Pflanzen(-resten) gefertigt. Dazu musste die Stadt neue Materialien für ihre T-Shirts, Jacken und Schuhe entwickeln. Statt Leder, Wolle und Pelze werden beispielsweise die Abfälle des Maisanbaus verwertet.[55] Auch alte Kulturpflanzen wie Hanf und Leinen kommen zum Einsatz.

In der Union der Städte Veganias gilt Chlorella als streng vegan. Nutztiere dürfen unter keinen Umständen gehalten werden, tierische Rohstoffe sind verboten. Selbst für Haustiere braucht es eine Bewilligung. Man ernährt sie vegan.

Die Ernährung in Chlorella

Nachdem die Teilnehmer:innen den Eröffnungsabend hinter sich gebracht haben und zum Frühstücksbuffet mit Produkten aus Chlorella gebeten wurden, kann der erste Kongresstag beginnen. Im Hintergrund der Bühne sieht das Publikum riesige Projektionen von Alltagsszenen und Fabrikbesuchen aus Chlorella. Man fühlt sich, als säße man im Penthouse und hätte einen 360-Grad-Blick über die Stadt.

Einige Losträger:innen sind noch etwas müde. In der beeindruckenden Skybar der Goldenen Sau tranken sie auf Staatskosten bis tief in die Nacht Cocktails. Es gab viel zu besprechen. Niemand kann sich wirklich vorstellen, wie eine Welt funktionieren soll, in der nicht nur wenige Außenseiter:innen, sondern die gesamte Bevölkerung vegan lebt.

Fleischnährstoffe ersetzen

Die Spionin, die als erste ans Rednerpult tritt, begrüßt das Publikum. Sie ist eine Frohnatur, die kaum warten kann, ihre Erkenntnisse zu präsentieren. Chlorella sei ein Gartenparadies. Jeder Zwischenraum, jedes Wolkenkratzerdach, jeder Park werde als landwirtschaftliche Fläche genutzt. Beeindruckt erzählt sie von der reichhaltigen Nutzpflanzenkultur. Diese umfasst Obstbäume, Sträucher, (Wurzel-)Gemüse, Getreide, Hülsenfrüchte sowie Pflanzen, die Öle, nahrhafte Samen oder Sprossen liefern.[56] Man isst alles, was die Pflanzen hergeben: Blüten, Blätter, Wurzeln, Samen, Nüsse, Beeren, Gemüse, Knollen und Früchte. Wenig überraschend haben die Einwohner:innen Chlorellas innerhalb Veganias die gesündeste Ernährung und mit Abstand die höchste Lebenserwartung.

In Karnivoria ist die Vielfalt des Anbaus vergleichsweise klein (siehe Abbildung 1). Von 75 000 essbaren Pflanzen spielen nur 150 eine Rolle. Mit diesen deckt man 90 Prozent des Nahrungsbedarfs. Auf drei von ihnen entfallen 42 Prozent aller aufgenommenen Kalorien: Weizen, Mais und Reis.[57] Dagegen essen die Bewohner:innen Chlorellas jede Woche bis zu dreißig verschiedene Pflanzen. Eine hohe Bedeutung haben Pflanzen, die Vegania mit den Nährstoffen versorgen, die in Karnivoria das Fleisch hergibt. Gemeint sind die Proteine, aber auch Mineralstoffe wie Eisen, Zink und Selen. Man baut deshalb viele »Fleischpflanzen« wie Linsen an und stellt mit ihnen Ersatzprodukte her. Beliebt ist weiter die Jackfruit, um die Konsistenz von Fleisch zu imitieren – allerdings muss man sie importieren. Schon 2023 hat man Fleischersatz deshalb vor allem aus Linsen, Erbsen, Kürbiskernen und Sojabohnen hergestellt. Außerdem wird viel Brokkoli, Rucola und Grünkohl angebaut, weil diese Pflanzen jungen Frauen und Rentner:innen helfen, einem Calciummangel vorzubeugen.[58]

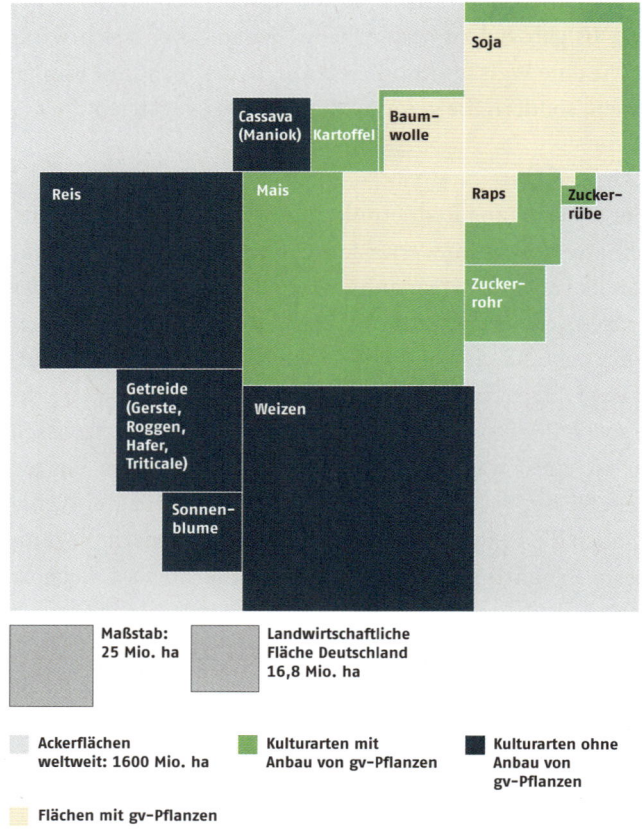

Abb. 1   Pflanzenvielfalt in Karnivoria

38

In den ersten Jahren der Unabhängigkeit Chlorellas versuchten einige Anbieter, nahtlos an die karnivorische Fleischkultur anzuschließen. Pseudofleisch wollten sie so echt wie möglich nachbilden, zum Beispiel mit 3-D-Druckern.[59] Das ist heute nicht mehr nötig, weil die Stadt andere Möglichkeiten schätzt, um zu den fleischtypischen Nährstoffen zu kommen. Überhaupt sei die Erinnerung an Fleisch mit jedem Jahr und jedem neugeborenen Kind mehr verblasst. Statt Fleisch serviere man – wie in Asien schon lange üblich – Tofu oder Tempeh. Beide Sojaprodukte sind proteinreich und können in der Küche wie Fleisch verwendet werden. Aus Weizen stellt man Seitan her, der halbreif geerntete Dinkel ist als Grünkern ein weiterer beliebter Fleischersatz.[60] Stellt man Tofu her, wird nach dem Einlegen, Kochen und Pürieren viel Okara ausgepresst. In Karnivoria wird es meist weggeworfen. Chlorella aber nutzt es vielfältig, der neutrale Geschmack macht den vermeintlichen Abfall zur idealen Grundlage für süße und salzige Speisen. Man backt Kuchen und stellt Kirazu her, einen Eintopf mit Brühe, Soja, Sake und Mirin.[61]

Es gibt noch andere originelle Beispiele für Ersatzprodukte auf Chlorella: Rote Bete presst man zu einem »Trockenfleisch«, an Weihnachten ersetzen geräucherte Karotten den Lachs.[62] Weiter sucht die Stadt eifrig Pflanzen, um die Eier für das Backen, das Kochen und die Verarbeitung in der Lebensmittelindustrie zu ersetzen. Das sei ein weniger großes Problem, als die meisten denken, hebt die Spionin hervor. Pflanzen bieten zahlreiche Alternativen, um Eis, Saucen oder Kuchen zu zaubern. Rührei stellt man mit Mungobohnen her, als Bindemittel nutzt man unter anderem die Samen der Chia-Pflanze oder des Flachses.[63]

Zierblumen im vielseitigen Einsatz

Überrascht zeigten sich die Kundschafter:innen von den zahlreichen Sonnenblumenfeldern. In Karnivoria bindet man die Blumen zu Sträußen oder gewinnt aus ihnen Öl. Chlorella nutzt sie vielseitiger. Sonnenblumen sind spannende Eiweißlieferanten, mit denen man neben Milch- auch Hackfleischersatz produziert.[64] Auch mit Mandeln, Reis, Quinoa, Haselnüssen, Pistazien und vor allem Hafer stellt man Pflanzenmilch her.[65] Das hat ethische Vorteile. Chlorella sperrt keine Kühe ein, hindert diese nicht in ihrem Spieltrieb und hält sie nicht zwangsschwanger. Ebenso deutlich ist der Vorteil der pflanzlichen Milch bei den Auswirkungen auf die Umwelt. Die Abwasserbelastung ist sechsmal kleiner als bei Kuhmilch, der CO_2-Ausstoß drei- bis viermal, der Flächenverbrauch fünf- bis sechsmal geringer.[66] Das Agententeam lässt es sich nicht nehmen, die irreführende Werbung der Milchproduzenten zu kritisieren. Niemand würde einen Liter Milch trinken, um dadurch zu 30 Gramm Proteinen oder 50 Gramm Kohlenhydraten zu kommen, das gehe wesentlich einfacher.

Tab. 2 Pflanzenvielfalt in Chlorella

Getreide	Pseudogetreide	Samen, Kerne und Nüsse	Hülsenfrüchte	Knollen
Dinkel	Amarant	Hanf	Bohnen	Kartoffeln
Gersten	Buchweizen	Haselnüsse	Erbsen	Maniok
Hafer	Quinoa	Kastanien	Erdnüsse	Rote Bete
Hirse		Mandeln	Mungobohnen	Rüben
Kamut		Pekannüsse	Soja	Pastinaken
Mais		Pistazien	Süßlupinen	Süßkartoffeln
Reis		Raps		Topinambur
Roggen		Sesam		Yams
Teff		Sonnenblumen		
		Walnüsse		

Zu den Highlights der Insel gehört der schmucke Amarant. Wie Buchweizen und Quinoa zählt er zu den Pseudogetreiden.[67] Chlorella nutzt ihn wie Hülsenfrüchte, Kürbisse, Sojabohnen, Fenchel, Schwarzwurzeln, Quinoa und Hirse, um die Bewohner:innen mit Eisen zu versorgen. Das Publikum zeigt sich entzückt von der unbekannten Pflanze mit den riesigen tiefweinroten Blüten auf der Multimedia-Wand. Eigentlich ist seine Nutzung keine Innovation, im Gegenteil zählt der Amarant zu den uralten Kulturpflanzen, die Jahrtausende lang genutzt wurden. Bereits die Maya und später die Azteken bauten ihn an – bis die Spanier eindrangen und den Anbau verboten. Sie fürchteten sich vor der spirituellen Beziehung der Indigenen zu ihren Pflanzen.[68]

Einen ebenso reizenden Anblick boten den herumreisenden Spion:innen die Felder mit Süßlupinen. In deren Kulturen brummt es heftig, die mächtigen Blüten ziehen Hummeln und Bienen an, weil sie reichlich Nektar liefern. Ein paar Anwesende kennen die Lupinen aus ihren Gärten – aber als Kulturpflanze ist ihnen *Lupinus Mutabilis* gänzlich unbekannt. Das ist erstaunlich, führt die Geschichte dieses Gewächses doch bis zu den Inkas zurück.[69] Für Chlorella ist die zu den Schmetterlingsblütlern gehörende Lupine ein wichtiges Hilfsmittel der Proteinwende, enthält sie doch noch mehr Eiweiß als die Sojabohne. Proteine machen 40 Prozent des Samens aus, weitere 15 Prozent entfallen auf Ballaststoffe. Dazu kommen weitere Nährstoffe, die unser Menschenkörper regelmäßig benötigt: Aminosäuren, Vitamin A und B_1, Mineralstoffe, Kalium, Calcium, Magnesium und Eisen.[70] Der Reichtum der Pflanze beeindruckt das Publikum, zumal es das Potenzial erkennt, um mit Lupinen seine Nutztiere und Fische zu füttern.[71] Endlich könnte man sich unabhängig von den Soja-Einfuhren machen. Zudem lassen sich die Samen einfach zu Mehl, Milch- und Fleischersatzprodukten verarbeiten, die beim Garen nicht mehlig werden.

Für die Landwirt:innen bergen die Lupinen noch einen letzten Vorteil. Sie reichern Anbauflächen mit Stickstoff an und machen so den knappen Phosphor verfügbar.[72] Die kräftigen Wurzeln der Lupinen lockern den Boden auf. Entsprechend gut eignen sie sich als Zwischenfrucht. Wie der Amarant überzeugen sie durch ihre Anspruchslosigkeit im Anbau. Diese Eigenschaft gefiel den Planer:innen Chlorellas besonders gut, sind doch für eine urbane Landwirtschaft ebenso genügsame wie flexible Pflanzen gefragt, die mit Hitze und wenig Wasser auskommen, aber auch mal einen Starkregen überstehen.[73]

Mandelbäume in Süddeutschland

Die referierende Kundschafterin wiederholt beiläufig die Fakten der Klimaentwicklung in den letzten Jahrzehnten: Seit den 2020er Jahren erlebt ganz Europa einen deutlichen Wandel seiner Klimazonen – und damit seiner landwirtschaftlichen Anbaubedingungen. In Wiesbaden ist es zum Zeitpunkt des karnivorischen Kongresses so warm wie 2023 in Lugano, London hat das gleiche Klima wie früher Barcelona, und in Kiel herrschen Temperaturen wie seinerzeit in Südfrankreich.[74] Diese Verschiebungen erlauben es, Pflanzen anzubauen, die man früher mit ganz anderen Ländern in Verbindung gebracht hat. In der Schweiz und Süddeutschland gibt es mittlerweile wunderschön pink blühende Mandelbäume. In vielen Gärten gedeiht Borretsch, mit dem man die Salate dekoriert.

Pekannüsse, Cranberrys, Okraschoten, die ölreichen Sesamsamen und der Zucker der Ahornbäume gehörten ebenfalls zur vielfältigen Pflanzenwirtschaft Chlorellas.[75] Einige Orphan Crops, die in der industriellen Landwirtschaft Karnivorias nur eine Nebenrolle spielen, haben in Vegania endlich den Durchbruch geschafft, zum Beispiel Maniok und die Superhirse Teff, die anspruchslos, hitzeresistent und nährstoffreich ist.[76] Noch hat sich das Klima nicht so krass verändert, dass man Cashew anbauen könnte. Die Kerne, die lediglich den Abschluss der Kaschu-Äpfel bilden, haben einen Vitamin-C-Gehalt, der jenen der Orange um das Fünffache übersteigt. Um nicht auf Importe angewiesen zu sein, hat Chlorella probiert, die Kerne, aus denen man veganen Käse und Sahne und Cremes produziert, selbst anzubauen. Doch die Versuche misslangen, was zwar bedauerlich, aber kein Weltuntergang ist. Man arbeitet stattdessen mit den heimischen Nüssen, mit Wal- und Haselnüssen sowie mit Edelkastanien. Zudem kommt fermentierter Hafer zum Einsatz.[77]

Eines der wichtigsten Elemente in Chlorellas Ernährungssystem gedeiht aber im Wasser: die Algen. Sie sind reich an Jod, Vitamin A und Eisen, also an Nährstoffen, deren es in der frühkindlichen Entwicklung bedarf.[78] Der junge Spion, der nun referiert, hat Mühe, seine Begeisterung zu verstecken. Die Algenwirtschaft funktioniert wetter- und klimaunabhängig, wobei die Wassergewächse zehnmal schneller als Landpflanzen wachsen. Je nach Standort kann man sie an bis zu 300 Tagen pro Jahr ernten.[79] Man unterscheidet zwischen Makro- und Mikroalgen. Während die großen Makroalgen im Meer zu Hause sind und bis zu 60 Meter groß werden, kann man die Mikroalgen problemlos industriell in Tanks anbauen.

Superfood Algen

In Vegania pflanzt man häufig Zucker- und Flügeltang an. Für die Insel ist jedoch eine Mikroalge so wichtig, dass sie zur Namensgeberin wurde: *Chlorella*. Das kugelförmige Gewächs passt perfekt zu Vegania, weil es reich an B_{12} ist, einem Vitamin, das in keiner Landpflanze substanziell vorhanden ist.[80] Zudem sind Algen wahre Proteinbomben: Mikroalgen wie *Spirulina*, *Chlorella* und *Dunaliella* bestehen zu 60 bis 70 Prozent aus Proteinen.[81] Wasserpflanzen sind ebenso reich an Vitaminen, Mineralien, Beta-Carotin und ungesättigten gesunden Fettsäuren. Neben Chlorella gibt es Hunderttausende andere Algen mit jeweils eigenen Potenzialen. Von den 300 000 Wasserpflanzen kennt die Wissenschaft Karnivorias erst 40 000 – und folglich nur einen Bruchteil der möglichen Verwendungen.[82] Unter der Oberfläche im Dunkeln lebend, sind die Algen für Karnivoria weitgehend unbekannte Geschöpfe. Als Optimist blicke er aber positiv in die Zukunft, meint der Spion. Investiere man genügend Geld und Aufmerksamkeit in die Algenforschung, könne man den Rückstand auf das kleine Vegania schnell aufholen.

Vor der Gründung Chlorellas hatten erst einige asiatische Länder das Potenzial der Algen erkannt. Zu den größten Produzenten gehörten China, Indonesien, Südkorea und Japan. Europäische Farmen, wie der 100 000 Meter lange »Ocean Rainforest« vor den Küsten der Färöer-Inseln oder spezialisierte Restaurants wie das »Tangeriet« auf den Lofoten waren Raritäten. Dabei hat die Idee auch im Westen eine lange Tradition. Bereits für die Zukunftsforscher der Nachkriegszeit war klar, warum sich die Menschheit eines Tages von Algen ernähren würde. Anders als Landpflanzen verbrauchen sie weder Platz noch Dünger. Weil sie Phosphate und Stickstoffe, die aus der Landwirtschaft in die Gewässer geraten, in Nahrungsmittel umwandeln, nehmen sie für die Wassergesundheit eine wichtige ökologische Funktion ein.[83]

Geschmacklich punkten Algen mit Umami – der fünften Geschmacksrichtung neben süß, sauer, salzig und bitter. Die meisten Ersatzprodukte Chlorellas würden es versuchen nachzubilden, weil es sehr typisch für Fleisch und Käse sei. Man kann sogar einen umamireichen veganen Speck kaufen.[84] Weiter würden die Algen zu Nudeln, Brot und hochwertigen Salzen, in Süßigkeiten, Proteinshakes und Energydrinks verarbeitet. Man dekoriert Pralinen und fertigt Nahrungsergänzungsmittel an.[85] Als Delikatesse serviert man Meerestrauben, *Caulerpa lentillifera*. In Karnivoria wird dieser »grüne Kaviar« einzig in China, Japan und Singapur serviert. Überhaupt kommen im europäischen Karnivoria nur wenige Algen in der Küche zum Einsatz, zum Beispiel Wakame in Miso-Suppen. Populär sind daneben noch die Hüllen der Sushi-Rollen, die Nori, die man aus verschiedenen Rotalgen herstellt. Ein anderer Algenrohstoff, der in der Küche Chlorellas eine wichtige Rolle spielt, den viele jedoch nicht mit Wasserpflanzen in Verbindung bringen, ist Agar-Agar. Das Bindemittel, das Gelatine ersetzt, gewinnt die Insel aus Knorpeltang.[86]

Bevor es in die Pause geht, zeigt eine Forschungsreisende eine Besonderheit Veganias: die Wassernuss. Zwar kennt sie in Karnivoria heute niemand mehr, doch bis zum Ende des 19. Jahrhunderts konnte man sie noch auf Märkten in ganz Europa kaufen. Noch viel früher war sie von den Pfahlbauern hochgeschätzt, mitunter weil man sie gut lagern und Mehl daraus gewinnen konnte. Doch die menschliche Gier und der Klimawandel setzten dem Luxus ein Ende. Selbstverständlich könne das Publikum die edlen Kastanien nun probieren.

Andere Pflanzenzukünfte Chlorellas

Nach der Kaffeepause streichen die Spion:innen nochmals das Potenzial der Algen hervor. Sie wissen, dass sie das Publikum mit veganen Croissants für sich gewinnen konnten, die mit einer sündhaft guten Algen-Schokoladencreme gefüllt waren.

Zu den Vorteilen der Algen gehören die speziellen Anbauflächen. Wasserflächen stehen mit 71 Prozent der Erdoberfläche in Hülle und Fülle zur Verfügung. Es ist unvernünftig, diese nicht zu nutzen, um Hungerkrisen zu vermeiden. Längst hat Chlorella Kulturen direkt auf dem Meer installiert, um ufernah neben Algen Gemüse, Beeren und Früchte anzubauen. Auf den schwimmenden Bauernhöfen hat sich aber dieselbe Frage gestellt wie für die vom steigenden Meeresspiegel bedrohten Uferpflanzen oder für die landwirtschaftlichen Böden, die stetig salziger wurden: Wer hat die Kraft, dem Salz zu widerstehen?[87]

Die Salzpflanze als Überlebenskünstlerin

Auf der Suche nach salzresistenten Pflanzen entdeckte Chlorella die Halophyten, die Salzpflanzen. Sie gedeihen in Böden mit einem hohen

Salzgehalt, in Halbwüsten und an Küsten. Pioniere erkannten das Potenzial der Salzpflanzen bereits in den 2020er Jahren. Sie kultivierten Meerfenchel und Seesternblumen. An der spanischen Atlantikküste pflanzten innovative Bäuer:innen Meermangold, an der Nordseeküste experimentierten sie mit Meerkohl, Meeresspargel (Queller), Karkalla, Strand- und Meeresbananen. Ernsthaft an den Halophyten interessiert war damals niemand. Im modernen Chlorella sind sie dagegen allgegenwärtig. Man findet sie im Supermarkt, sie gelten als Delikatessen in den Sternerestaurants, die Reste werden zu Kosmetika, Biokraftstoffen und Futtermitteln verarbeitet.[88] Zudem überzeugt das Salzgemüse mit seinen ökologischen Nebeneffekten. Es schützt vor Überschwemmungen und Erosion. Küstengebiete mit Salzpflanzen sind äußerst wertvoll für den CO_2-Haushalt. Sie absorbieren 30-mal mehr Kohlenstoff als Regenwälder.[89]

Wie die Algen und die Salzpflanzen sind Pilze ein Nahrungsmittel Chlorellas, das stoffliche, ökonomische und ökologische Zusatzfunktionen verbindet. Doch auch hier hat Karnivoria leider ein großes Forschungsdefizit. Man verkennt das Potenzial, das die Pilze für die Ernährung, die Medizin, ja sogar für das Verständnis von Sprachen und die zukünftige Entwicklung von Computern oder die Simulation in der Stadtentwicklung darstellen.[90] Von den zwei bis vier Millionen Pilzarten der Erde kennt Karnivoria nur etwa 120 000. Vegania investierte dagegen sehr viel Geld in die Pilzwissenschaften. Neue, kostengünstige Methoden der Gensequenzierung trieben die Identifizierung voran, jährlich entdeckt man 2000 neue Pilzarten.[91] Man stellt vier verschiedene Nahrungsmittel damit her. Kein Wunder gibt es auf Chlorella sogar Restaurants, die nur Pilzgerichte servieren.[92]

Neben den Kulturpilzen – wie Champignons, Austernpilzen oder Kräuterseitlingen – spielen zweitens die bereits erwähnten Fleischersatzprodukte eine wichtige Rolle. Pilze werden zu Würsten, Gehacktem und sogar zu Schnitzeln verarbeitet.[93] Drittens nutzt Chlorella Schimmelpilze, um Nahrungsmittel zu veredeln. Gewiss handle es sich hierbei nicht um eine Mega-Innovation, ergänzen die Vortragenden. Veganen Gorgonzola auf der Basis von Cashewnüssen kann man selbst in Karnivoria seit

Jahrzehnten kaufen.[94] Aber anders als auf Chlorella finden sie kaum Absatz. Viertens, und das sei in Karnivoria weitgehend unbekannt, isst man auf Chlorella »die Pilzwurzeln«, das fadenförmige Myzel der Pilze. Wie die Algen sind sie reich an Umami, der Pilzgeschmack ist vorhanden, aber »nicht überwältigend«.[95] Das ist ein großer Vorteil, wenn man die Fäden zu Fleischersatzprodukten verarbeiten will.

Pilzrestaurants und Myzelbäuer:innen

Pilze kultiviert man in vertikalen Farmen, auf Holzsubstrat oder Kompost. Chlorella errichtet sie in ehemaligen Fabriken, in Parkhäusern und stillgelegten U-Bahn-Schächten oder Flughäfen. Es sind genügsame Wesen, die gut auf Licht und Beheizung verzichten können. Ein weiterer Vorteil: Wie bei den Algen verstärkt der Anbau die Flächenkonkurrenz nicht.

Pilzmyzelien entstehen im *Fermenter*. Auf der Bühne erscheinen Animationen von eindrücklichen Gebäuden, die von Star-Architekt:innen entworfen wurden. Im Vergleich zu anderen veganen Lebensmitteln überzeugt die kurze Wachstums- beziehungsweise Produktionszeit. Die Sojabohnen, mit denen man Tofu herstellt, benötigen 140 Tage, um erntereif zu sein. Den Pilzen dagegen reichen 40 Tage, um ihre Fruchtkörper auszureifen. Im Reaktor dauert die Produktion sogar nur wenige Tage.[96] Auf ihren Erkundungsreisen kamen die Spion:innen genauso ins Staunen wie jetzt das Publikum. Eine als Hologramm zugeschaltete Myzelbäuerin beschreibt weitere Vorteile. Beim Anbau seien weder Dünger noch Pestizide nötig. Zudem sei der Wassereinsatz gering. »Wir brauchen kaum Land, weil wir das Myzel in den Fermentern ja gewissermaßen vertikal wachsen lassen. Außerdem können Pilzmyzelien unabhängig vom Wetter in geschlossenen Räumen das ganze Jahr hindurch überall auf der Welt gezüchtet werden. Und das Myzel wird nachhaltig ernährt – mit Reststoffen aus der Lebensmittelproduktion wie Getreideabfällen, Kaffeesatz oder Bananenschalen.«[97]

Pilze sind aber nicht nur als Nahrungsmittel begehrt. Sie bringen ein riesiges Potenzial als umweltverträgliche Ersatzrohstoffe mit sich, zeigen sich die Vortragenden überzeugt. Chlorella verarbeitet sie zu Leder und Baustoffen und nutzt sie als »Upcycling-Maschinen«. Sie sind wahre Meister darin, Abfälle abzubauen und noch effizienter als Pflanzen oder Tiere in neue Biomasse umzuwandeln. Nicht zuletzt spielen verschiedene Pilze in der Medizin Veganias eine Rolle. Zu den medizinischen Anwendungsmöglichkeiten gehört die Gewinnung von Vitamin D_3. Mit Schimmelpilzen stellt man seit Jahrzehnten Antibiotika her.

Nahrhafte Baumwollsamen

Nach einer weiteren Kaffeepause verabschiedet man sich vom Thema Ernährung. Die meisten Teilnehmer:innen waren überrascht, dass sie gar keinen richtigen Kaffee erhielten, sondern Ersatzgetränke aus Löwenzahn, Wegwarten, Lupinen, Kastanien und Eicheln. Sie wussten nicht, wie umweltschädlich die Produktion von Kaffee ist. Gestärkt wollen sie nun erfahren, wie man sich in Chlorella ohne Wolle, Leder und Daunen kleidet, welche Abfallprodukte bei der Herstellung von pflanzlichen Lebensmitteln anfallen und wie man diese in die Kreisläufe zurückführt. Besonders im Winter müsse dies eine große Herausforderung sein, glaubt das Publikum.

Die spezialisierte Forscherin berichtet Erstaunliches. Wie in Karnivoria sind Nahrungsmittel- und Textilindustrie eng verknüpft, etwa bei der Baumwolle. Das ist selbst für die europäischen Gebiete Karnivorias eine wichtige Erkenntnis. Durch den Klimawandel kann man im Jahr 2045 in weiten Teilen Europas problemlos Baumwolle anpflanzen. Man vergisst schnell – aber 2023 war dies erst in Griechenland, Andalusien und Bulgarien möglich.[98] Auf Chlorella dagegen gibt es etliche Baumwollfelder, unter anderem, weil es der Insel gelungen ist, die Pflanze in die Ernährung einzuführen. Pro Kilogramm gewonnenen Fasern liefert die Baumwollpflanze 1,6 Kilogramm Samen mit einem Proteingehalt von 23 Prozent, wobei die Gentechniker:innen der High Tech Islands diese für Mensch und Tier genießbar machen konnten. Für Karnivoria sind die entsprechenden Verfahren sehr bedeutsam, fallen doch jährlich 48 Millionen Tonnen Baumwollsamen an, die zusammen mehr als 10 Millionen Tonnen Protein hergeben. Das ist mehr als in allen weltweit produzierten Hühnereiern zusammen.[99]

Neu sind solche Modifizierungen nicht. Baumwollpflanzen werden seit Jahrzehnten durch verschiedene Verfahren verändert. 2018 waren 76 Prozent der weltweit angebauten Baumwolle gentechnisch manipuliert, in den USA waren es 94 Prozent, in Indien 95 Prozent.[100] Trotz der genannten Vorteile ist die Bedeutung der Baumwolle auf Chlorella allerdings begrenzt. Ihr Wasserverbrauch ist zu hoch, die Pflanze zu anfällig für Schädlinge. Zum Glück, so die Referentin, gibt es noch weitere Wunderpflanzen.

Kleider aus Hanf und Flachs

Man setzt auf Hanf. Ein Teil des Publikums kichert, ein anderer raunt. Auf Chlorella ist das Kiffen längst legal, aber darum geht es nicht. Hanf wird dort aus anderen Gründen intensiv angebaut, wobei man dessen Anbaueigenschaften schätzt. Es ist eine anspruchslose Pflanze, die schnell wächst und wenig gedüngt werden muss. Die Verwendung ist vielfältig. Zu den Erträgen gehören die Hanfnüsse, aus denen man Öl gewinnt. Man dekoriert Salate damit oder gibt sie dem morgendlichen Granola bei, um ein paar zusätzliche Nährstoffe aufzunehmen.[101]

Die medizinischen Potenziale des Hanfs erkannte man schon 2023, doch nun werden sie endlich realisiert. Pharmaindustrie und Medizin schwärmen. Hanf beziehungsweise Cannabidiol (CBD) setzt man zur Beruhigung, Entspannung und als Entzündungshemmer ein. Frauen lindern ihre Monatsbeschwerden. THC wiederum wird auf Chlorella verschrieben, um chronische Schmerzen zu lindern. Ebenfalls behandelt man mit Hanfprodukten ADHS, Epilepsie und diverse Erkrankungen der wenigen Haustiere, die aus psychotherapeutischen Gründen auf Chlorella erlaubt sind.[102] Eine wichtige Rolle spielt Hanf für die Textilindustrie, erklärt die Spionin. Man nutzt ihn wie Hirse und Bambus, um – statt mit Daunen – Kissen, Bettdecken und Matratzen zu füllen. Mit den Fasern fertigt man Seile, Netze und Stoffe für Kleider, Möbel und Autositze an. Auf der Bühne erscheinen Models in der aktuellen Hanfmode Chlorellas. Während sie vor den Kongressteilnehmer:innen defilieren, setzt die Expertin ihren Vortrag fort. Die Produktionsabfälle, so führt sie aus, verwandelt man in pflanzliches Leder.[103] Anders als Ananas- oder Kaktusfasern, mit denen Karnivoria Fake-Leder herstellt, muss man Hanf nicht importieren. Pflanzenleder, das man auch aus Pilzwurzeln, Äpfeln, Organgenschalen, Trauben oder den Resten der Maisindustrie gewinnt, ist zudem plastikfrei und komplett kompostierbar.[104] Neben Hanf kultiviert Chlorella mit dem Flachs eine andere traditionsreiche Kulturpflanze. Schon vor Zehntausenden von Jahren wurde er angepflanzt und seine Fasern in Form der Leinen zu einem tragbaren Stoff veredelt. Durch den Aufstieg der Baumwoll- und später der Erdölindustrie hatte die Karriere der Nutzpflanze aber ein jähes Ende genommen. Jetzt lanciert sie Chlorella neu.[105] Mit Flachs stellen hippe Designer:innen Kleidung, Bettwäsche, Handtücher, Vorhänge und Gepäck her. Lupinen, Brennnesseln und Sojabohnen sind weitere Pflanzen, die man für mehrere Zwecke anbaut. Lupinen düngen nicht nur die Böden, ebenso liefern sie Rohstoffe für Kosmetika.[106] Brennnesseln werden zu Tee und medizinischen Wirkstoffen, aus den Stängeln webt man Textilien. Die Kundschafterin führt aus, dass es sich hier ebenfalls um eine Retro-Innovation handle. Noch bis in das 20. Jahrhundert wurden Soldatenuniformen manchmal aus Nesseln genäht.[107] Aus der Tofuindustrie gewinnt man Sojaseide. Sie ähnelt der karnivorischen Seide, für die man aber milliardenfach Raupen töten muss. Auf Chlorella ist das natürlich streng verboten. Kein Nutztier darf aus ökonomischen Gründen gehalten oder gar getötet werden, auch keine Insekten. Das erinnere sie an die Bienen, so die Vortragende, über die sie heute noch gar nicht gesprochen hätten. In der streng veganen Stadt gibt es keinen Honig, man darf ihn den Bienen nicht wegnehmen.

Ersetzt wird er durch konzentrierten Birnensaft oder den Dicksaft der Agave. Sie reiht sich in die Gruppe der multifunktionalen Pflanzen ein, die sich in Chlorella einer hohen Beliebtheit erfreuen. Aus den Stängeln entstehen Gewürze, die widerstandsfähigen Fasern verarbeitet man zu Textilien, Seilen und sogar Papier. Blütenknospen und Blätter werden geröstet, mit dem Herz, der Piña, brennt man Tequila und Mezcal.[108] Noch mehr Sekundärfunktionen haben die Algen. Man profitiert ähnlich vielfältig von ihnen wie Karnivoria von seinen Schlachtabfällen. Algenabwässer und Gärreste werden zu Düngemitteln, Farbpigmenten, zu einer Art Keramik und Biogas. Die Verwendung für die Energieproduktion sei besonders interessant. Im Unterschied zu Getreide, das man in Karnivoria zu Biogas verarbeitet, verstärkt der Algensprit die Flächenkonkurrenz nicht.[109]

Die Schlüsselindustrien Chlorellas

Nach der Mittagpause rücken wirtschaftliche Fragen in den Vordergrund. Die Kundschafter:innen berichten, welche Industrien, Fähigkeiten und Infrastrukturen Chlorella stark machen. Seit der Gründung Veganias ist es der Insel eindrücklich gelungen, sich in der Union der Inselstaaten als Knowhow-Exporteur für Pflanzenwissen und -güter zu positionieren. Die am Morgen vorgestellten Anwendungen zeigen, in welche Richtung man forscht, welchen Schwerpunkt man in der Aus- und Weiterbildung setzt und welche Industrien man in den letzten Jahrzehnten aufgebaut hat. Genauso geben die Visionen der Insel Leitplanken, um die Start-ups auszuwählen, in welche man investieren will.

Historische Kompetenz

Häufig handelt es sich beim Pflanzenwissen Chlorellas um hundert- oder gar tausendjähriges Wissen, das man mit wenig Aufwand recherchieren und in die heutige Zeit übertragen kann. Zu den Schlüsselindustrien Chlorellas gehören deshalb die historischen Agenturen. Sie bergen altes Wissen, das die Menschen einst über die Pflanzen, deren Kultivierung, Nutzung und Verarbeitung besessen hatten. Zusammen mit den an geheimen Orten stationierten Saatgutbanken setzen die Agenturen Feldversuche auf, um mit vergessenen Sorten zu experimentieren. Die Speicherung der Pollen sichert Chlorella den genetischen Reichtum, der nötig ist, um auf alle möglichen Krisen zu reagieren, ganz gleich, ob diese durch neue Schädlinge, Pandemien oder klimatische Veränderungen hervorgerufen werden.

Genauso wichtig sind die historischen Agenturen, um die gefährliche Artenarmut der Landwirtschaft zu überwinden, die man von Karnivoria übernommen hat. Die Fleischgier hatte die Anzahl der angebauten Nutzpflanzen enorm reduziert. Viele waren durch den Aufstieg der Fleisch- und Erdölindustrien ganz aus den Produktionsprozessen verschwunden. In der Textilindustrie mussten heimische Pflanzen den erdölbasierten Kunstfasern Platz machen, insbesondere Nylon und Polyester. Diese Entwicklung machte Chlorella auch deshalb rückgängig, weil in Vegania die Prinzipien der Kreislaufwirtschaft verpflichtend sind. Man will keine Pflanzen, die viel Aufwand, aber wenig Ertrag bringen, und arbeitet vorwiegend mit Arten, die mehrere Verwendungszwecke bieten. Das hilft, die Abfälle zu minimieren.

Historiker:innen erkunden für Chlorella die Prä-Plastik-Epoche und bringen vergessene Nutzpflanzen und Verarbeitungstechniken ans Licht. Weil sich das Klima stark verändert hat, führen die Zeitreisen häufig in Regionen außerhalb Europas, die in ihrer Geschichte ganz andere Pflanzen nutzten. Bei ihren Recherchen stoßen die Historiker:innen regelmäßig auf Rezepte mit Pflanzen, die niemand mehr kennt, zum Beispiel Erdbeerspinat, Zucker- und Weißwurzel.[110] Dieses Retro-Wissen hilft Chlorella in seinen Bemühungen, kreativ anzubauen und zu kochen. Überhaupt zeichnet die *kulinarische Neugierde* die Insel aus. Einst sprach der Philosoph Harald Lemke von »Gastrosophie«. Er wollte zeigen, dass Essen immer mit philosophischen Fragen einhergeht.[111] Wie man esse, koche, was man im Restaurant anbiete und bestelle, wie man Lebensmittel anbaue und verarbeite, bringe ein Weltbild und eine Wertehierarchie zum Ausdruck.

Chlorella weiß aus Erfahrung, wie wichtig die kulinarische Neugierde für die vegane Revolution ist. Die Insel verstand es, die Menschen zu einem interessierten Einkaufen und Kochen zu bewegen. Man wollte, dass sich die Bewohner:innen von der Fleischmonotonie lösen, ohne Fertiggerichte auskommen und sich gesund ernähren. Chlorella versucht deshalb, seine Kinder früh fürs Kochen zu begeistern. Zum Beispielen lernen sie, dass ein Kühlschrank gut gefüllt ist, wenn die eingekauften Lebensmittel alle Farben des Regenbogens abdecken. Man sponsert Köch:innen und Start-ups, die Fotos und Videos verbreiten, um die alten Pflanzen in die zeitgenössische Küche einzuführen. Maßgeblich unterstützt wird die vegane Revolution auf Chlorella durch die zahlreichen Food-Influencer:innen, die einen hohen Status genießen. Wer guten *Food Porn* produziert, erreicht ein Millionenpublikum, wird für Referate eingeladen und in Aufsichtsräte berufen.[112] Kein Wunder, dass auf Chlorella viele Kinder Foodblogger:innen werden wollen. So wie in den 2010er Jahren die Kochshows boomten, werden jetzt Kochabendschulen überrannt. Ähnlich wie an Universitäten kann man Creditpoints sammeln und Abschlüsse machen.

Ein gängiges Hilfsmittel, um die kulinarische Kreativität zu fördern und die Bürger:innen beim gesunden Kochen zu unterstützen, sind Lebensmittelabonnements. Per Kurierdienst werden wöchentlich saisonale Früchte und Gemüse inklusive Rezeptvorschlägen geliefert. Videotutorials sind bei der Zubereitung behilflich. Die Rundumversorgung ermutigt zu experimentieren. Die Einwohner:innen Chlorellas pressen Säfte aus Roter Bete und Sellerie oder garen diese zwei Stunden im Backofen. Viele nutzen künstliche Intelligenz beim Kochen. Diese berechnet, welche Rezepte – basierend auf persönlichen Geschmackspräferenzen – man mit den im Kühlschrank befindlichen Lebensmitteln ausprobieren könnte. So eine Unterstützung wünsche er sich auch, witzelt einer der Moderatoren. Er sei unbegabt, faul und würde häufig nur einen Salat mit einem Stück Fleisch essen.

Landwirtschaftskompetenz

Um tierische Rohstoffe durch pflanzliche zu ersetzen, war viel landwirtschaftliches Knowhow gefragt. Die Anforderungen sind so hoch, dass man sie nur zusammen mit den anderen Inseln erfüllen kann. Von der Landwirtschaft Karnivorias unterscheidet sich jene Chlorellas in drei Punkten. Erstens wird sie mitten in der Stadt betrieben, zweitens nutzt man die wenigen Ackerflächen anders und drittens ist der Produktionsdruck kleiner, weil man kein Futter produzieren muss.

Zwar greift Chlorella für die Bewirtschaftung seiner landwirtschaftlichen Flächen auf das Wissen der Vergangenheit zurück, jedoch scheut sich die Stadt nicht, die neuesten Technologien einzusetzen. Auf kleinem Raum betreibt man eine ökologische und gleichzeitig technisch hochentwickelte Landwirtschaft.[113] Von der ökologischen Landwirtschaft hat man die Permakulturen, Fruchtwechselfolgen und natürlichen Dünger übernommen. Chlorella stellt sich zudem ganz in den Dienst des Carbon Farmings, einer regenerativen Landwirtschaft, die der Atmosphäre möglichst viel CO_2 entziehen und in Pflanzenmaterial und Bodensubstanz umwandeln will.[114] Das Carbon Farming erfordert, die Böden ganzjährig mit lebendigen, atmenden Pflanzen abzudecken und auf synthetische Dünger zu verzichten. Weiter empfiehlt sich für das Carbon Farming eine hohe Pflanzenvielfalt. Roggen, Bohnen und Hafer werden als Deck- und Schutzfrüchte zwischen das Gemüse gesetzt und man baut Pflanzen an, die den Boden stark durchwurzeln. Weiter setzt Chlorella auf Bäume, die schnell wachsen und viel CO_2 binden. Ganz oben auf der Beliebtheitsskala stehen deshalb Buchen, Kirschen, Kastanien und Linden sowie Bambus und Baumglockenbäume (Paulownie). Die beiden letztgenannten sind nicht heimisch, schießen dafür aber schnell in die Höhe.[115]

In Ergänzung zu diesen Lowtech-Innovationen umfasst die Hightech-Landwirtschaft den Präzisionspflanzenbau. Er bezweckt, möglichst genau zu säen und zu düngen. Weil Chlorella eine Wolkenkratzerstadt mit wenig Grünflächen und hohen Quadratmeterpreisen ist, hat es das Vertical Farming perfektioniert. Es entstanden Indoor-Bauernhöfe mit gestapelten Feldern.[116] Bereits in den 2020er Jahren schätzten Expert:innen, künftig werde die Welt zehn bis fünfzehn Prozent des globalen Gemüses vertikal in Städten anbauen – in Kellern, Parks, Gärten, Garagen, an Bushaltestellen und an Fassaden sowie auf Industriebrachen. 2026 betrug die Marktgröße bereits 20 Milliarden US-Dollar.[117] Neue Gebäude plant man so, dass auf den Balkonen, Fassaden und Dächern eine Stadtlandwirtschaft florieren kann. Von den Dachterrassen waren die Spion:innen besonders beeindruckt. Sie dienen nicht nur der landwirtschaftlichen Produktion, sondern sind auch beliebte Treffpunkte für Jung und Alt.

Wichtige Argumente für den Aufbau des Indoor-Farmings lieferte neben der Platzknappheit die Ökologie. In einer kontrollierten Umgebung braucht es keine Pestizide, der Wasserverbrauch ist um 95 Prozent kleiner. Den Pflanzen ist es »nie zu trocken, nie zu nass, nie zu windig, nie zu sonnig«, wie ein Stadtbauer per Videoeinspieler berichtet.[118] Doch wer die vertikalen Bauernhöfe klimaneutral betreiben wolle, benötige eine herausragende Haustechnik.

Sämtliche Pflanzen werden mit der optimalen Menge an Wasser und Dünger sowie ohne Pestizide und Insektizide angebaut. Das macht die urbane Landwirtschaft sehr ökologisch, zumal die Transportwege kurz sind. Die Vorteile werden offensichtlich, wenn man sie mit Extrembeispielen der Vergangenheit vergleicht. Städte wie Dubai und Singapur importierten einst 90 Prozent ihrer Nahrungsmittel, Frisches wurde eingeflogen.[119] Mithilfe von Daten wird sehr genau geplant, was man wann in welcher Menge anbaut. Eine Indoor-Farm muss sofort verkaufen, was sie produziert hat. Erdbeeren, Spinat- und Lattichblätter und Arugola lassen sich nicht lange halten, zudem ist jede Stunde genau verplant. LED-Lampen simulieren Sonnentage mit 18 Stunden Licht, wobei die Neo-Bäuer:innen Chlorellas Möglichkeiten entdeckten, durch Licht die Qualität, den Nährstoffgehalt und das Wachstum positiv zu beeinflussen. Dazu nutzt man zum Beispiel verschiedene Lichtspektren. Blaues Licht ist gut für die Wurzeln, rotes für die Blätter.[120] Der dafür notwendige Strom wird konsequent durch Solarpanels generiert, mit der Wärme der Lampen heizt man die Gebäude.[121]

Eine andere beliebte Variante, um in Kellern und Garagen in einer künstlichen Umgebung viele Nährstoffe anzubauen, sind Microgreens – Keimlinge, die man bereits wenige Tage nach Aussaat erntet.[122] Chlorella dekoriert mit den Minipflanzen seine Mahlzeiten, reichert Salate und Bowls an oder füllt Pitas und Sandwiches. Im Anbau sparen die Keimlinge sehr viel Platz, sie wachsen in kürzester Zeit. Die schnellsten unter ihnen, Radieschen oder Meerrettich, bräuchten indoor nur sechs Tage, um auszuwachsen. Drei Tage sind zum Keimen vorgesehen, danach wachsen die Keimlinge drei Tage am Licht weiter. Die Sonnenblumen und Erbsen benötigen doppelt so lange. Zur besseren Auslastung der Microgreen-Farmen baut man häufig Heilmittelpflanzen an. In Karnivoria hat die Pharmaindustrie manchmal Mühe, ihre Heilpflanzen zu beschaffen und deren Qualität sicherzustellen. Für eine Indoor-Farm auf Chlorella ist es dagegen kein Problem, zum Beispiel 150 Kilogramm *Arnica montana* in stabiler Qualität zu einem genau definierten Termin zu liefern.[123]

Wasserinfrastruktur

Eine letzte Schlüsselkompetenz Chlorellas ist das Wassermanagement. Zusammen mit den High Tech Islands hat man die Tröpfchenbewässerung perfektioniert. Diese erlaubt eine viel höhere Wassernutzungseffizienz als in Karnivoria, wo sie auf gerade einmal 40 Prozent geschätzt wird.[124] Optimiert wurden an und auf Hochhäusern auch die Hydrokulturen. In dieser Variante der Hightech-Landwirtschaft wurzeln die Pflanzen statt im Boden im Wasser, wo die Stadtbäuer:innen sie mit einer Nährlösung versorgen. Neben Algen baut Chlorella in seinen Tanks Salate und Gemüse an. Die Betreiber:innen behaupten, die Erträge seien 400-mal größer als auf dem Acker. Gleichzeitig sei der Düngerbedarf 75 Prozent und der Wasserbedarf sogar um 95 Prozent kleiner. Da sich die meisten Krankheitserreger im Boden befinden, setzt Chlorella bei seinen Indoor-Anlagen überhaupt keine Chemie ein. Die Produkte seien so sauber, dass man sie nicht waschen müsse.[125] Um die Pflanzen zu wässern, gebe es überall auf der Insel Entsalzungsanlagen. Vegania hat eine hohe Entsalzungskompetenz entwickelt, wissen die Spion:innen zu berichten. Die eingesetzten Verfahren haben einen doppelten Nutzen, da sie das Meerwasser von Mikroplastik und überschüssigen Nährstoffen befreien. Ganz gemäß dem Motto der Insel übernehmen in den modernsten Kläranlagen Chlorellas die Pflanzen diese Reinigungsaufgaben. Auch bei diesen Anlagen setzen die Verantwortlichen auf architektonische Symbolik, um die Bedeutung der Wasserinfrastruktur für alle Bewohner:innen sichtbar zu machen.

In Ergänzung zu den genannten Technologien beziehungsweise Industrien ist eine hohe Regierungskompetenz unerlässlich – zum Beispiel eine gute Dateninfrastruktur, das Erlassen von smarten Gesetzen oder die ständige Erneuerung der Demokratie durch innovative Partizipationsformate. Die Spionin, die gerade das Wort hat, wagt sogar, die anwesenden Minister:innen zu kritisieren. In Karnivoria sei die Landwirtschaft eine äußerst konservative und stark regulierte Industrie. Seit Jahrzehnten würde man auf dieselben Lösungen setzen, Innovation sei inexistent, von einer Vision für eine nachhaltige Zukunft ganz zu schweigen. Man tue so, als wäre das Berufsbild von Bäuerinnen und Bauern in 100 Jahren noch genau dasselbe wie heute.[126] Eigentlich seien die Gelder, die ihnen zufließen, nichts anderes als Schutzgelder für alte Industrien statt Investitionen in die Zukunft. Das läge gemäß den Recherchen der Agent:innen daran, dass die politischen Strukturen seit Jahrzehnten nicht überarbeitet wurden und die ländliche Bevölkerung im Verhältnis zur städtischen viel zu viel Macht hat.

Zum Beispiel hätten vertikale Farmen in der Landwirtschaftszone lange keine Baubewilligung erhalten, weil diese Betriebsform aus Sicht der Regierung schlicht nicht existiere.[127] Alte Bauernhöfe durften nicht umgenutzt werden, um Algen oder Microgreens zu produzieren. Auf Chlorella dagegen sei die Landwirtschaft sehr erfinderisch und profitiere von der wissenschaftlichen Kompetenz sowie von der Neugierde der Regierung. Wie innovativ die Landwirtschaft in Chlorella sei, zeige sich nicht zuletzt darin, wie viele junge Menschen den Beruf des Stadtbauern wählen. Die Moderation unterbricht die eifrige Spionin – es sei nun Zeit für den letzten Programmpunkt des Tages.

Kritische Fragen an Chlorella

Wie es sich für einen ordentlichen Kongress gehört, haben die Besucher:innen nun die Möglichkeit, Fragen zu stellen. Das Moderationsteam erklärt, kritische Fragen aus dem Publikum seien sehr erwünscht. Schon den ganzen Tag spürte man: Das Publikum traut dem Vorgetragenen nicht. Mit einer pflanzenbasierten Zukunft kann man sich nur schwer anfreunden. Man möchte in Zukunft weiter Fisch, Steak, Wurst und Hackbraten essen.

Ungesunde Prozessierung

Trotz aufmunternder Worte der Moderation bleibt es lange still. Niemand wagt es, in der großen Runde eine Frage zu stellen – bis sich eine junge Lebensmittelingenieurin ein Herz fasst. Zwar glaube sie, eine Ernährung mit pflanzlichen Proteinen sei vollwertig und gesund. Ein Problem habe sie jedoch mit den vielen Fleischersatzprodukten, die in den Vorträgen angesprochen wurden. Diese seien doch hochprozessiert und deshalb nicht nur ungesund, sondern auch ökologisch bedenklich. In der Verarbeitung gingen sämtliche Nährstoffe verloren. Ebenfalls sei ihr unklar, warum Chlorella überhaupt Dinge esse, die wie Fleisch aussehen und schmecken. Alternativen gebe es durch den vielfältigen Anbau ja mehr als genug. Die Spion:innen geben ihr recht. Viele Produkte aus Soja- oder Erbsenproteinen enthielten viele Zusatz- und Farbstoffe, nicht selten kämen zwanzig Zutaten zusammen. Dabei sei die Empfehlung der Wissenschaft eindeutig. Bei industriellen Nahrungsmitteln sollten nicht mehr als fünf Zutaten gemischt werden. Das gelte aber genauso für die Fleischprodukte in Karnivoria, die ebenfalls hochprozessiert sein könnten. Problematisch sei auch, wenn Fleischersatz einen zu hohen Salzgehalt aufweise oder wenn Geschmäcker wie Vanille oder Soja chemisch nachgebildet werden.[128] Und die Manipulation gehe noch weiter. Man maskiere Zutaten wie Rote Bete oder Erbsen, damit sie das Geschmackserlebnis nicht dominieren. Natürlich, frisch und gesund sei das nicht. Etwas anders sei die Verarbeitung bei den Pilzmyzelien zu beurteilen. Sie verfügten über eine fleischähnliche Struktur und Aromen, die den Verbraucher:innen bekannt seien. Daher müssten sie weniger intensiv bearbeitet werden.[129]

Der aufgebrachte Landwirtschaftsminister Karnivorias fällt dem vortragenden Agenten ins Wort. Dass man auf Chlorella Pflanzenspeck, Sojawürste und Cashew-Eier esse, mache für ihn einfach keinen Sinn. Chlorella solle doch einfach Gemüse, Beeren und Früchte aus dem Garten essen. Der Agent gibt zu: Aus ökologischer und gesundheitlicher Sicht sei die Lust auf Fleischersatzprodukte nicht nachzuvollziehen. Tatsächlich wähle, wer sich auf Chlorella gesund ernähre, Lebensmittel, die reich an Mikronährstoffen, Ballaststoffen und guten Fetten seien.[130] Man wisse aber, dass Fleisch in vielen Haushalten Karnivorias als Fastfood konsumiert werde – in Chlorella falle diese Rolle dem Fake-Fleisch zu. Wer Fleisch serviere, müsse nicht aufwendig kochen, nichts selbst erfinden, nicht kompliziert einkaufen, keine neuen Rezepte recherchieren. Vor allem aber könne, wer In-vitro-Fleisch esse, seine Gewohnheiten beibehalten.

Im Spionagedienst erkläre man sich die Lust an der Pseudowurst mit den sehr langen Zyklen, in denen sich das Ernährungsverhalten einer Zivilisation verändere. Die Menschheit esse seit Jahrtausenden Fleisch, ein Wandel hin zu einem veganen Ernährungssystem verlange Zeit. Wie gesehen, seien viele Industrien in die vegane Revolution involviert, und es sei zu erwarten, dass sich die Gewinerinnen der Vergangenheit zunächst gegen eine vegane Zukunft wehren würden. Andererseits habe die Digitalisierung am Anfang des 21. Jahrhunderts gezeigt, wie schnell eine gesellschaftliche Veränderung möglich sei. Das einfachste Mittel für einen Kulturwandel des Essens sei aber immer ein Generationenwechsel. Jedes Kind beginne mit seiner Ernährung bei null. Es habe keine Erinnerungen.

Der Minister gibt noch nicht auf. Er reklamiert, Gemüse aus vertikalen Farmen, das nie im Boden gewurzelt habe, könne weder gesund noch schmackhaft sein. Aber der Spion entgegnet scharf, dass Gemüse, Früchte und Salate auf Chlorella nicht weniger gesund seien als in Karnivoria, wo übrigens schon in den 2020er Jahren sehr viele Produkte aus bodenfreien Hors-sol-Anlagen gekommen seien – zum Beispiel 95 Prozent der Tomaten und 60 Prozent der Gurken. Die Nährstoffbilanz sei bei draußen und drinnen gezogenen Lebensmitteln exakt dieselbe.[131] Zudem würden in der Aufzucht weniger Chemikalien eingesetzt. Man vertraue stattdessen auf Nützlinge, die man von den High Tech Islands beziehe. Gegen Spinnmilben und Thripse würden Raubmilben eingesetzt, gegen Läuse wirkten Schlupfwespen.[132] Wenn aus Nährlösung gezogenes Gemüse schlecht schmecke, dann liege das vielmehr daran, dass es zu früh geerntet und zu häufig gekühlt werde.

Begeisterung für neue Lebensmittel

Hier hakt ein Losträger nach, der in Karnivoria ein Steakhouse betreibt. Er möchte wissen, wie es Chlorella gelungen sei, seine Bürger:innen fürs Kochen und Einkaufen zu begeistern, beziehungsweise was diese bewogen habe, ihre Gewohnheiten zu ändern. Wie konnte man die vegane Revolution so positionieren, dass sie nicht als Zwang wahrgenommen wurde? Oder wieder anders gefragt: Wie haben die Menschen Gemüse und neue Geschmäcker lieben gelernt? Algen zum Beispiel hätten einen sehr eigentümlichen Geschmack und eine für Karnivoria ungewohnte Konsistenz.

Der Spion zählt eine Reihe von Maßnahmen auf. Wichtig seien anfangs die Mensen, Kantinen und Restaurants gewesen, die ihre Angebote radikal umgestellt hätten. Vegania hätte diese Multiplikatoren anfänglich mit Weiterbildungen und Kommunikationsberatungen beim Neustart unterstützt. Wichtig seien weiter Influencer:innen und Promis gewesen, welche in Zusammenarbeit mit den Change-Expert:innen Chlorellas die neuen Angebote vermarktet haben. Um das Ändern der Gewohnheiten zu unterstützen, müsse man es den Menschen so einfach wie möglich machen. Das setze neben günstigen Preisen, guten Regalplätzen in den Supermärkten auch Erreichbarkeit und eine positive soziale Wahrnehmung voraus. Chlorella setzte schließlich auf Labels und Punktesysteme, um die Gesundheits- und Umweltwirksamkeit von Lebensmitteln und Mahlzeiten auszuweisen.

In ihrem Lieblingsrestaurant Curso hätte die Speisekarte für alle Gerichte den CO_2-Abdruck ausgewiesen.[133] Ein Carnaroli-Risotto mit grünem Spargel und Rapsblüten (564 Gramm) sei deutlich emissionsintensiver als Buchweizenteigwaren mit eingelegten weißen Spargelspitzen (232 Gramm). Im Vergleich zu einem Entrecote mit Gemüseallerlei und Bratkartoffeln (3592 Gramm) sei es aber dann doch sehr umweltverträglich – wie er extra für heute recherchiert habe. Bei der Ferienlektüre an einem der schönen Strände Zirkulas sei ihm aufgefallen, wie Chlorella viel von der Geschichte des Sushis gelernt habe. Die globale Karriere des Fastfoods, das ursprünglich auf eine Haltbarkeitstechnik zurückgeht, sei beeindruckend. Chlorella habe etwa gelernt, dass spezifische Typen von gastronomischen Angeboten helfen, neue Ideen beliebt zu machen. Statt Sushibars gebe es in Chlorella viele Bars, in denen man Algenshots kippe, die Gesundheit, Vitalität und Sexualität positiv beeinflussen sollen.

Gegen die vereinbarten Spielregeln greift ein Moderator selbst ins Geschehen ein. Man sieht, er hat darauf gewartet, diese Frage zu stellen. Als großer Fleischfan glaubt er, der Chlorella-Vision nun den Todesstoß zu versetzen. Gerne würde er wissen, wie die Insel das Vitamin-B_{12}-Problem gelöst habe. Es sei ein offenes Geheimnis, dass Veganer:innen einen Mangel hätten, den sie mit noch so viel Pflanzenfraß nicht beheben könnten. Alle im Publikum würden eine vegane Person kennen, die nicht gerade gesund aussehe. Doch die zuständige Spionin lässt sich nicht aus der Ruhe bringen und erklärt, Chlorella würde seinen Nahrungsmitteln, Getränken und Zahnpasten Vitamin B_{12} zuführen. Auf der Insel gebe es einen B_{12}-Drinkhersteller, der ähnlich populär sei wie Red Bull in Karnivoria.[134]

Im Publikum entsteht große Unruhe. Einige Zuschauer rufen empört »Diktatur«, »Manipulation« und »Bevormundung«. Als es endlich wieder ruhig wird, ergreift die Spionin erneut das Wort. Sie meint, Karnivoria würde seit Jahrzehnten genau gleich vorgehen. In den USA und in skandinavischen Ländern würde man Vitamin D_3 untermischen, die Schweiz füge dem Speisesalz Jod zu.[135]

Ökologische Überkompensierung

Die Umweltministerin Karnivorias spricht die Überkompensierung der CO_2-Ersparnisse infolge eines verringerten Fleischkonsums an. Ob das Klima nicht darunter leide, wenn die Einwohner:innen Chlorellas exotische Früchte konsumierten, die man sich als Belohnung und als Fleischalternativen gönne? Avocados, aus importierten Cashewkernen hergestellten Käse oder tafelweise Schokolade zu vertilgen, sei nicht gerade nachhaltig.

Die Spion:innen relativieren, viele Sorgen der Politiker:innen und Ökonom:innen Chlorellas hätten sich rasch verflüchtigt. Zum Beispiel sei es gelungen, Käse auf Basis von heimischen Pflanzen herzustellen.[136] Durch den Klimawandel könne Chlorella viele exotische Früchte und Gemüsesorten selbst anbauen, zum Beispiel die erwähnten Avocados oder auch Mangos. Weiter müsse man ehrlich sein: Der CO_2-Ausstoß durch die Importe mache nur einen Bruchteil der Emissionen aus. Für

Karnivoria kenne man die Zahlen, die Emissionen aus dem Transport der Lebensmittel machten nicht mehr als sechs Prozent der Treibhausgase aus.[137] Und dieser Anteil verringere sich deutlich, wenn man die Lebensmittel per Schiff statt per Flugzeug importiere. Man müsse nicht zuletzt die technischen Fortschritte der letzten Jahrzehnte bedenken. Das Fliegen sei wie der Schiffstransport durch E-Mobilität in Kombination mit der Förderung nachhaltiger Energiequellen deutlich klimafreundlicher geworden.

Perverser Verzicht

Als nächstes verlangt eine Bäuerin das Wort. Sie gibt zu bedenken, dass sich viele Landflächen Karnivorias gar nicht dazu eignen, Ackerbau zu betreiben. Alle im Publikum wüssten doch, es wäre dumm, auf dem Grasland keine Kühe, Ziegen und Schafe weiden zu lassen. Eine Alpwiese sei nun mal nur für die Fleischwirtschaft nutzbar zu machen. Einen anderen Zweck könne sie für die menschliche Ernährung nicht erfüllen. Den Hunger und den Düngebedarf der Welt vor Augen, sei es pervers, auf diese Flächen und zudem noch auf den Dung der Tiere zu verzichten. In Karnivoria gebe es viel Grasfläche, aber zu wenig Ackerland.

Die Spion:innen gehen zunächst auf die Bemerkung zum Dünger ein. Auf Chlorella würden die Landwirt:innen den Stickstoff statt mit Dung mit Hülsenfrüchten in die Böden bringen. Diese plane man in die Fruchtfolgen ein. Mithilfe der im Boden vorkommenden Bakterien könnten zum Beispiel die Lupinen den düngenden Stickstoff mineralisieren und dadurch für sich und andere Pflanzen zugänglich machen. Auf Chlorella spreche man von der »Kleegras«-Düngung – einem Gemisch aus Hülsenfrüchten und Gräsern. Durch den erhöhten Biomasseaufbau und die starke Durchwurzelung entstehe eine »fruchtbare Bodengare«, weshalb die Kulturen keinen chemisch-synthetischen Stickstoff benötigten. Weitere Nährstoffe erhielten die Böden durch Kompost-Kuren.[138]

Die Bäuerin nickt, ist aber sichtlich unzufrieden, denn ihre erste Frage wurde nicht beantwortet. Die Spion:innen sollen endlich zugeben, dass es pervers sei, das Grasland nicht für die Ernährung zu nutzen. Es wird nun noch offensichtlicher: Die Spion:innen sind unschlüssig und unsicher, wie sie antworten sollen. In Chlorella, beginnt eine der Vortragenden, benötige man eben grundsätzlich weniger Nahrungsmittel, weil man nur die Menschen, nicht aber die Millionen Nutztiere ernähren müsse. Die Stadt könne es sich deshalb problemlos leisten, gar nicht alle möglichen Flächen landwirtschaftlich auszuschöpfen. Mehr als die Hälfte der Fläche, die man für die Viehwirtschaft benötige, würde Chlorella auf andere Weise oder gar nicht mehr nutzen. Frei seien nicht nur die Weiden geworden, sondern auch die Felder, mit denen man Futtermittel produziert habe. Das seien satte 75 Prozent aller landwirtschaftlichen Flächen.[139] In den Vereinigten Staaten spreche man von 2,8 Millionen Quadratkilometern, was ungefähr der sechsfachen Größe Deutschlands entspreche.[140]

Man brauche die Weideflächen also gar nicht und habe dazu neue landwirtschaftliche Flächen durch Hydrokulturen auf dem Wasser, den Anbau in Garagen und an Fassaden gewonnen. An den Küsten baue man Algen und Salzpflanzen an. Genauso wichtig wie die Produktion sei die Regeneration. Um die von Karnivoria zerstörte Biodiversität wiederherzustellen, habe Chlorella viele Schutzflächen ausgewiesen, auf denen man nicht eingreife und auf denen die Tiere und Pflanzen tun, was sie wollen. Auf ihren Touren hätten die Spion:innen beobachtet, wie sich auf diesen zusammenhängenden Nutzflächen, die sich über Kilometer erstrecken, Wildtiere ausbreiten: Füchse, Hasen, Vögel, Wild.

Fragen zur Wirtschaft Chlorellas

Das Publikum lässt es sich nicht nehmen, kurz vor dem Ende des Tages einige kritische Fragen zur Wirtschaft Chlorellas zu stellen. Eine Startup-Expertin spricht die Skaleneffekte in der Produktion von neuen Lebensmitteln an. Wie in jeder anderen Branche müssten die Industrien Veganias sicherlich skalieren, um die Kosten von innovativen Produkten zu senken und zu einem vernünftigen Preis anbieten zu können. Am Einkauf der Rohstoffe dürfte es ja nicht scheitern, Hafermilch bestehe zu 90 Prozent aus Wasser.[141]

Eine Spionin, die lange als Wirtschaftsprofessorin tätig war, stimmt zu. Tatsächlich müsse man bei der Übertragung der Erkenntnisse aus Vegania die Prozessketten vom Anbau über den Vertrieb bis zum Konsum optimieren. Weil Vegania voll in Kreisläufen organisiert sei, habe man wenigstens nicht mit Abfallprozessen zu kämpfen, scherzt die Professorin. Industrien, die Karnivoria durch den Abgleich mit Chlorella in den nächsten fünf Jahren rasch aufbauen müsse, seien Algen- und Pilzkulturen. Auf anderen Inseln gebe es weitere Infrastrukturen, die für eine vegane Zukunft wichtig sind, zum Beispiel Fermentierungsanlagen. Weiter sei sich das Agententeam sicher: Die schnelle Skalierung war nur möglich, weil die Stadtstaaten Veganias massiv in neue Industrien investiert haben. Die Professorin ist eine begnadete Rednerin und sichtlich froh, endlich das Wort zu haben. Sie leitet zum Problem der Anschubfinanzierung über. In Chlorella gebe es eine äußerst vitale Start-up-Szene. Im Vergleich zu Karnivoria sei offensichtlich, wie sehr sich Investor:innen für Agrar-Tech-Unternehmen interessierten.[142]

In Karnivoria sei dies eine eher realitätsfremde Vorstellung. Die meisten Gelder würden noch immer in digitale Anwendungen fließen, in Flugtaxis, VR-Catsuits oder Haushaltsroboter. Chlorella habe dagegen verstanden, dass die Ernährung für die Spezies Mensch ungleich wichtiger sei als die hirnrissige Metaversum-Idee oder die Besiedlung des Mondes. Wenn man ein Volk nicht ernähren kann, geht es ein. Es rebelliert und ist sicher nicht kreativ. Die Spionin wiederholt, in Vegania sei es bei Hochschulabsolvent:innen sehr beliebt, in der Agrarindustrie den ersten Job anzunehmen. Ähnlich sei es in Ausbildungsberufen. Im Vergleich zu Karnivoria würden viel mehr Jugendliche eine Lehre als Gemüsebauer oder eine Ausbildung als Bäuerin beginnen, freilich mit der Spezialisierung auf Hydrokulturen, Algen oder Indoor-Farming.

Die redselige Spionin ist kaum zu bremsen, aber das Moderationsteam drängt sie, zum Abschluss zu kommen. Das Publikum ist müde und will endlich zum Apéro riche, das einzig mit den Produkten aus Chlorella bestückt sein wird. Serviert werden Algen-Pasta und Karottenlachs. Man bedankt sich bei den Referent:innen und fasst die wichtigsten Erkenntnisse zusammen. Einige Besucher:innen bleiben bis Mitternacht im Konferenzsaal, um mit den Spion:innen zu diskutieren. Andere ziehen sich bereits in ihre Zimmer zurück, um die Unterlagen des Teams zu studieren, das sich auf den High Tech Islands umgesehen hat. Beim Überfliegen der Papiere staunen sie nicht schlecht, denn anders als auf Chlorella wird hier sehr wohl Fleisch gegessen …

Tag 3: High Tech Islands

Die Vision der High Tech Islands

Der zweite Kongresstag widmet sich den High Tech Islands. Wie der Name vermuten lässt, realisieren sie die vegane Zukunft mit neusten Technologien. Die High Tech Islands sind eine Stadt, die sich auf zahlreiche kleine Inseln verteilt. Einige Stadtteile wurden auf Schiffen gebaut.

Die Islands bilden das wissenschaftliche Zentrum Veganias. Sämtliche Mitglieder der Union profitieren von den Erkenntnissen, die hier gewonnen werden. Auf den Mikroinseln wird intensiv geforscht, nach der Unabhängigkeit waren sofort neue Lösungen in der Ernährung, der Landwirtschaft und der Materialtechnologie gefragt. Man ist dem Solutionismus verpflichtet und glaubt an eine Zukunft, in der neue Technologien jedes Problem lösen werden. Das Praktische an diesem Ansatz: Der Fleischesser muss weder sein Verhalten noch seine Kultur ändern. Das macht die vegane Revolution einfacher als in anderen Städten.

Wie bei allen anderen Inseln stand am Anfang der Unabhängigkeit der Wunsch im Vordergrund, nutztierfrei zu essen. Statt durch die Körper der Tiere vollzieht sich die Veredelung einfacher Rohstoffe im Biorekator. Die Fleischzucht funktioniert so ähnlich, wie ein Embryo durch Zellteilung im Mutterleib Schritt für Schritt zum Baby wird.

Das Clean Meat aus dem Reaktor hat weitere Vorteile.[143] Die Produktion braucht weniger Platz und Wasser als herkömmliches Fleisch. Zudem reduziert das Reaktorfleisch die Risiken von Infektionskrankheiten bei Mensch und Tier, den Antibiotikaverbrauch sowie die Treibhausgas-Emissionen. Böden und Trinkwasser werden nicht verunreinigt, keine Wälder gerodet.[144]

Die Ernährung in den High Tech Islands

Im Saal geht das Licht aus und die neuen Spion:innen betreten die Bühne. Wie die anderen Teams hatten sie ein Jahr Zeit, ihre Erkenntnisse zusammenzutragen und sich auf den heutigen Tag vorzubereiten. Sofort machen sie dem Publikum klar, es gehe heute nicht nur um Fleisch. Die Insulaner:innen würden ferner Fisch, Meeresfrüchte, Eier und Käse im Reaktor herstellen. Auf den Inseln spreche man von Novel oder Future Food.[145]

Disruption der Kuh

Noch vor dem Fleisch ersetzten die Islands die Milchprodukte. Warum die Forschenden zuerst Milch nachbildeten, ist rasch erklärt. Sie besteht zu 90 Prozent aus Wasser, die Proteine machen nur 3,3 Prozent der Zusammensetzung aus. Der Rest besteht aus Zucker, Fetten, Vitaminen und Mineralien. Wollte Vegania die Kühe befreien, mussten lediglich die 3,3 Prozent Proteine ersetzt werden.[146] Dass Milch flüssig ist und keine komplizierte Konsistenz hat, war für die Islands ein weiterer Grund, die vegane Revolution mit diesem Schritt einzuleiten.

Schon vor über zwei Jahrzehnten ist es der Stadt gelungen, die Kühe vollständig zu ersetzen und Kasein, die Eiweißbasis von Käse, künstlich herzustellen.[147] Dabei greifen die Neo-Landwirt:innen auf die Fermentation zurück. Sie ist die wichtigste Super-Technologie der Insel und beruht auf intelligenten Mikroorganismen wie Bakterien, Schimmelpilzen oder Hefen, die organische Stoffe umwandeln. Interessanterweise ist die Fermentation eine sehr alte Technologie, welche die Menschheit seit Jahrtausenden nutzt. Kimchi, Miso, Sauerkraut, Apfelessig, eingelegte Gurken, Bier, Wein, Sauerteigbrot, Salami, Kefir und Sojasauce – all diese Lebensmittel werden durch Fermentation gewonnen. Würde man Oliven nicht fermentieren, wären sie ungenießbar. Auch die Milchprodukte Joghurt, Käse und Quark, Tofu und Tempeh oder das In-Getränk Kombucha entstehen durch Mikroorganismen.

Ursprünglich war die Fermentation hilfreich, um Lebensmittel haltbar zu machen. Doch die dabei wirksamen Hefen, Pilze und Bakterien verleihen dem Gelagerten geschmackliche Besonderheiten.[148] Die Agent:innen waren beeindruckt, welch fulminantes Comeback das Fermentieren als hochtechnologische Präzisionsfermentation in ganz Vegania feiert. Durch die digitale Unterstützung des biochemischen Prozesses können die Mikroorganismen so programmiert werden, dass sie genauso umformen, wie es der Mensch möchte. Durch die Bioinformatik beziehungsweise die Hilfe von künstlicher Intelligenz können die High Tech Islands Proteine, Fette und Vitamine gezielt herstellen. Dazu setzt man Pilze und Algen als eine Art Fabrik ein.[149] Das Vorgehen ist nicht nur beliebt, weil man Essen besser haltbar macht und so den Foodwaste reduziert. Die Islands verfolgen zwei weitere Ziele. Erstens ist die Fermentation der Gesundheit sehr zuträglich. Der Prozess erlaubt es, die Nährstoffe der Nahrungsmittel zu optimieren. Fermentiertes stärkt die Abwehrkräfte und trägt zu einer gesunden Darmflora bei. Zudem liefern Mikroorganismen wichtige Aminosäuren, die unser Körper nicht selbst herstellen kann.[150] Zweitens verbessern die Lebensmittelingenieur:innen Geschmack und wahrgenommene Qualität. Sie achten darauf, dass die Nahrungsmittel genügend Umami erhalten. Dadurch gewinnen sie mehr geschmackliche Tiefe und erinnern die älteren Bürger:innen Veganias an die tierischen Produkte, die sie noch aus ihrer Jugend kennen. Kein Wunder verhalf der Fermentationszauber Neo-Milchprodukten wie Haferdrink und Sojajoghurts zum Durchbruch.[151]

In Karnivoria findet der Prozess der Fermentierung in der Kuh statt. Ihr Magen stellt eine Art biologische Plattform dar, mit der Bakterien Gras in Milch verwandeln.[152] Neue Technologien halfen, diese künstlich nachzubauen. Diese Errungenschaft kommt einer neuen Domestizierungswelle gleich. Dieses Mal jedoch, so führen die Referent:innen aus, domestiziert man Mikroorganismen, keine Schafe und Ziegen.[153] Vegania spricht von einer *Disruption der Kuh*. Statt kostenintensiv und mit viel Tierleid stellen die Islands in Bioreaktoren Nahrungsmittel, Nährstoffe und Geschmäcker her, an die sich die Menschen über Jahrhunderte gewöhnt haben. Die Spion:innen prophezeien: Im 21. Jahrhundert werde die Kuh ähnlich überflüssig wie das Pferd im 20. Jahrhundert. Kein Mensch fahre heute mit der Kutsche von Berlin nach Hannover oder ziehe mit dem Pferd in den Krieg.

Fake-Milch, Fake Meat

Die High Tech Islands produzieren in großer Menge Fake-Milchprodukte. Allerdings war es ein langer Weg, bis es gelang, pflanzliche Proteine zu Halbhartkäse mit der bekannten Festigkeit, der praktischen Schmelzfähigkeit und mit dem gewohnten Geschmack zu verdicken.[154] Zwar gibt es selbst in Karnivoria seit den 2020er Jahren Käse-Ersatzprodukte, allerdings häufig auf Basis von eingeflogenen Cashewkernen und mit einem für viele ungenießbaren chemischen Geschmack. Ganz beeindruckt erzählt einer der älteren Spione, wie die Islands durch Präzisionsfermentation nicht nur Käse produzieren, der dem echten Käse zum Verwechseln ähnlich ist, sondern auch ganz neue Lebensmittel mit für Karnivoria völlig ungewohnten Aromen erfanden.[155]

Die Fermentation unterstützt die große Clean-Meat-Industrie der Insel, zum Beispiel durch Häm-Protein, das den eisenreichen Geschmack von Blut imitiert. Das neue Fleisch erhält so einen täuschend echten, fleischigen Geschmack und eine »saftige« Optik.[156] Selbst hartgesottene Fleischfans sind begeistert. In Bezug auf Konsistenz, Struktur, Farbe und Maserung müssen sie keine Abstriche machen. Es überrascht daher nicht, dass die Bürger:innen der Islands so viel Fleisch wie die Menschen in Karnivoria essen. Auf den riesigen Bildschirmen erscheinen Bilder von Grillpartys mit künstlichem Fleisch. Dem Publikum läuft das Wasser im Mund zusammen, zumal gestern am Buffet Chlorellas nicht alle auf ihre Kosten kamen. Schon jetzt sind die Spion:innen gespannt auf die Experimente am letzten Konferenztag. Wer wird den Unterschied zwischen echtem, pflanzenbasiertem und künstlichem Fleisch erkennen?

Die Ernährung mit In-vitro-Fleisch sei eine uralte Fantasie, führt eine Spionin aus. Ende des 19. Jahrhunderts tauchte die Idee vom Fleisch aus dem Tank im Science-Fiction-Klassiker *Auf zwei Planeten* des deutschen Schriftstellers Kurd Laßwitz auf. 1931 prophezeite Winston Churchill, in 50 Jahren würde Laborfleisch die Normalität sein. »Wir werden der Absurdität entrinnen, ein ganzes Huhn zu züchten, um die Brust oder den Flügel zu essen, und diese stattdessen in einem geeigneten Medium züchten.«[157] Seit Beginn des 21. Jahrhunderts gab es viele Gerüchte zum neuen Fleisch – lange bevor man es im Supermarkt kaufen konnte. Aufgrund der zirkulierenden Untergangsszenarien Karnivorias wurde überall auf der Welt am tierlosen Fleisch geforscht. Wie genau sich die Fortschritte vollzogen, blieb aber intransparent. Die Laborfleisch-Unternehmen hatten ein großes Interesse daran, ihr Wissen so lange wie möglich für sich zu behalten. Sie wollten die Gewinne nicht teilen müssen.[158]

Saubere Wurst, sauberer Fisch

Ende 2020 war das technologieaffine Singapur das erste Land, das politisch vorpreschte und Chicken Nuggets mit Laborfleisch zum Verkauf zuließ.[159] Allerdings befand sich wenig neues Fleisch im Nugget. Vielmehr hatte man es, um Kosten zu sparen, üppig mit pflanzlichen Erzeugnissen »gestreckt«. Auch im Gründungsjahrzehnt der High Tech Islands waren viele Clean-Meat-Angebote Mischprodukte. Man nahm etwas Laborfleisch und fügte großzügig die Erzeugnisse aus Chlorella dazu. Die servierten Würste und Burger bestanden vor allem aus Erbsen, Linsen, Sonnenblumen. Auf den ersten Blick mögen die Ergebnisse dieser Verfahren nicht sehr befriedigend wirken, aber ihr Wert ist nicht zu unterschätzen. Der Anteil von verarbeitetem Fleisch (in Form von Würsten und Wurstprodukten) liegt bei über 50 Prozent des gesamten Fleischkonsums.

Clean Meat entsteht, indem Stammzellen im Bioreaktor auf einer Art Gerüst Muskelfasern ausbilden und nach und nach zu einem größeren Gewebe anwachsen. Doch so blut- und nutztierfrei, wie sich das anhört, war das Kulturfleisch lange nicht. In seiner Anfangsphase war es das Gegenteil von »sauber« gewesen, weil man von einem ganz und gar nicht veganen Produktionsschritt abhängig war. Die Stammzellen, die sich zu Fleisch vermehren sollten, wurden aus dem Blut des Embryos einer trächtigen Kuh gewonnen. Wieder setzte der Mensch seine ganze Gewalt ein, um zu erhalten, was er wollte. Aus dem Bauch der toten Mutterkuh wurde das »ungeborene Kalb geschnitten«, dem aus dem noch schlagenden Herz so lange Serum entnommen wurde, bis es »blutleer« war. Heute kann man die Nährstoffe glücklicherweise auf pflanzlicher Basis herstellen – zum Beispiel mit den Algen Chlorellas.[160]

Neben Clean Meat produzieren die Islands Clean Fish. Interessanterweise hat der technologische Nachbau von Fisch lange viel weniger Aufmerksamkeit als jener von Fleisch erhalten. 2022 gab es auf der Welt gerade drei Unternehmen, die sich auf das Problem mit höchster globaler Dringlichkeit spezialisiert hatten.[161] Offenbar wollte man nicht wahrhaben, dass die Ozeane bald klinisch tot sein würden. Heute sind sie es. Mit dieser Aussage provoziert der Spion, der das Wort hat, den Saal. Karnivoria habe in den letzten dreißig Jahren so getan, als könne man ewig weiter fischen. Nebenbei nahm man eine weitere Verschmutzung der Meere durch Mikroplastik in Kauf. Fast die Hälfte der Verunreinigung gehe auf die Fischerei zurück.[162] Doch zum Glück gebe es nun eine technische Lösung, um wieder Fisch zu essen – zumindest in Vegania. Das Verfahren sei dasselbe wie bei der technischen Reproduktion von Fleisch, und wie beim Fleisch würden die Erzeugnisse zünftig mit pflanzlichen Produkten gestreckt.

Für den Erfolg von Clean Meat und Clean Fish war die Nährflüssigkeit entscheidend. Sie macht 80 Prozent der Kosten aus und um ein Kilo Kulturfleisch herzustellen, braucht man 50 Liter Nährflüssigkeit.[163] Es galt, rasch zu skalieren, sonst hätten die High Tech Islands ihre Vision nicht realisieren können. Der Blick zurück zeigt, wie schnell sich die Dinge verändert haben. 2019 lag der Kilopreis noch bei 300 Euro, in Vegania liegt er bei etwa zehn Cent.[164]

Genschere für Pflanzen

Die Vision der High Tech Islands zu realisieren, verlangte neben der Fermentation und der Produktion von Clean Meat eine dritte Schlüsselfähigkeit: die grüne Gentechnologie. Sie hilft der Stadt, ihre Pflanzen, deren Früchte, Gemüse, Beeren gemäß Bedarf zu designen und auf erschwerte Anbaubedingungen des Klimawandels zu reagieren. Anders als Chlorella sind die Islands an Pflanzen interessiert, die sich als Beilage zu Fleisch und Fisch eignen, an Salaten, Kartoffeln, Süßkartoffeln und im Herbst an Rotkohl und Kastanien.

Bereits 2023 waren die Baupläne der großen Getreidesorten – Weizen, Gerste, Roggen und Hafer – dechiffriert. Heute sind die Genome aller Pflanzen entschlüsselt. Dieses Wissen war die Basis, um sie mittels Genschere spezifisch auf die menschlichen Bedürfnisse umzuprogrammieren.[165] Witzbolde bieten Tomaten in Herzform und blaue Äpfel an. Vor allem aber nutzen die Lebensmittelproduzenten die Gentechnologie, um die Robustheit ihrer Pflanzen zu stärken, beispielsweise durch längere Wurzeln oder eine bessere Virusresistenz. Mithilfe der CRISPR-Technologie können Pflanzen einem sehr präzisen Redesign unterzogen werden, erklärt eine Spionin. Das Ziel der Islands war, dass die Pflanzen mit weniger Wasser und Pestiziden auskommen und extremen Umwelteinflüssen wie Hitze und Dürre besser standhalten. Genauso ist es gelungen, Fett- durch Ölsäuren zu ersetzen oder die Pflanzen mit Vitaminen und Mineralstoffen anzureichern, zum Beispiel Tomaten mit Vitamin D.[166]

In Vegania wird die Gentechnologie als Schlüssel einer neuen Ernährung und einer nie dagewesenen Ernährungssicherheit gefeiert. Das sei anders als in Karnivoria, wo die Gentechnologie trotz des immensen Getreidebedarfs der Nutztiere und der drohenden Hungerkatastrophen mit großem Argwohn betrachtet wird. Ein Blick in die Geschichte zeigt, wie lange die Skepsis schon anhält. 2022 lehnten vier von fünf Deutschen die Gentechnik in der Landwirtschaft ab. In der EU durfte 2023 eine einzige gentechnisch veränderte Pflanze angebaut werden: der Mais MON 810 von Monsanto, der das Insektengift Bt-Toxin ausbildet, um den Maiszünsler abzutöten. Deutschland und Österreich untersagten den Anbau weiterer Pflanzen, in der Schweiz gab es ein Moratorium für ihren Anbau. Die Gegner:innen der Gentechnologie fürchteten eine reduzierte Biodiversität, das Sterben von Insekten sowie negative Einflüsse auf die menschliche Gesundheit.[167]

Die referierende Spionin stellt diese Skepsis in einen größeren Kontext. Die Angst vor der Zukunft beruhe ähnlich wie einst die Furcht vor der mRNA-Innovation bei den Covid-19-Impfungen auf unzureichendem Wissen und einem fehlenden Verständnis für die Funktionsweise der Wissenschaft. Daraus resultierte zusammen mit den Mechanismen der sozialen Medien häufig eine fast religiöse und fanatische Wissenschaftsskepsis. Die Misstrauischen tendierten dazu, Verschwörungserzählungen zu glauben und zu verbreiten. Bezeichnenderweise neigten die Gegner:innen der grünen Gentechnik dazu, mit ihrem Pseudowissen genau das hervorzubringen, wovor sie sich am meisten fürchten: unkontrollierbares Wachstum, das sich kaum aufhalten lässt. Nur dass keine Monsterpflanzen wucherten, sondern irrationale Ängste vor neuen Technologien.[168] Diese Skepsis sei insofern absurd, als viele Kritiker:innen über das konsumierte Fleisch beziehungsweise das geneditierte Futter der Tiere – Stichwort importiertes Soja – seit vielen Jahren mit »verunreinigten« Pflanzen in Kontakt kommen. Das aus Brasilien importierte Soja war 2023 in 96 Prozent der Fälle, das aus den USA zu 100 Prozent gentechnisch verändert.[169]

Entsprechend viel Aufklärungsarbeit war in den Gründungsjahren der High Tech Islands gefragt. Weil die Verantwortlichen wussten, wie die Angst vor neuen Technologien ihre Vision gefährdet, investierten sie in die wissenschaftliche Bildung ihrer Bürger:innen. So konnten sie das Vertrauen in ein System fördern, dessen Zweck das Finden der Wahrheit ist. Genauso schulen Kommunikationsprofis die Wissenschaftler:innen darin, das Reichweitepotenzial sozialer Medien zu nutzen und ihre Erkenntnisse in einfacher Sprache, in attraktiven Formaten, in Videos mit Infografiken darzustellen. In der Kommunikation zur Gentechnologie hob man beispielsweise hervor, wie alltäglich die Technologie seit Jahrzehnten war. Weil Genomeditierung einfach und kostengünstig funktioniere, lohne sich die Optimierung von seltenen und alten Sorten.[170] Das ermögliche es den Islands, eine Vielzahl von redesignten Getreide- und Gemüsesorten, Früchten, Beeren und Knollen anzubauen und dadurch die Biodiversität zu steigern. Durch die Gentechnologie sei sie größer, nicht kleiner geworden.

Mit diesen Argumenten endet der Vortrag der Referentin. Das Moderationsteam entlässt die Teilnehmer:innen in eine Kaffeepause. Danach würde über Innovationen gesprochen, die nichts mit der Ernährung zu tun haben.

Andere High-Tech-Visionen

Zu den veganen Technologien, welche die Islands auszeichnen, gehören alternative Methoden des Tierversuchs. Weil Vegania ganz ohne Nutztiere auskommt, musste die Union neben den Zootieren sämtliche Versuchstiere freilassen. Neue Wege waren gefragt, um human- und tiermedizinisches Wissen zu erlangen.

Das Ende der Tierversuche

Zur Einführung in die Thematik erklärt die Spionin, grundsätzlich würde die Forschung in drei Varianten prüfen, wie ein Körper auf Einschränkungen, Schmerzen und Medikamente reagiert: in silico, in vitro und in vivo. Der klassische Tierversuch »in vivo« untersuche »den vollständigen und autonomen Organismus in der ganzen Komplexität seiner Funktionsweise«.[171] Er sei in Vegania natürlich nicht erlaubt.

Stattdessen setzen die Islands auf In-vitro-Verfahren, um außerhalb des Organismus die Reaktion von Organen, Zellen und Gewebestrukturen zu überprüfen. Zum Beispiel nutzt man Zellkulturen, deren Herstellung für die High Tech Islands problemlos möglich ist. Die Spionin führt aus, genau genommen seien Tierversuche aus Sicht der Menschen immer In-vitro-Modelle, da eben gerade nicht mit Menschen, sondern mit Tierkörpern geforscht werde. Mäuse, Frösche und Fische sind keine Menschen. Es sind nur Modelle, die zeigen, was passieren könnte, und denen im Übrigen die Sprache fehlt, um über Erfahrungen, Schmerzen und ihre Psyche zu berichten. Die Spionin fügt an, sogar in Karnivoria seien die Tierversuche in medizinischen Kreisen nicht unumstritten. Die Erfolgsquoten in der Arzneimittelentwicklung sind extrem niedrig und die Umwege über die Tiere machen die Forschungsprozesse langsam – zumal die Übertragbarkeit der Erkenntnisse auf den menschlichen Körper immer fraglich ist.[172]

Den Islands stehen durch ihre Fortschritte der letzten Jahre ganz neue Möglichkeiten zur Verfügung, um medizinische Interventionen zu testen. Sie beherrschen das Nachbauen von menschlichen Zellen, Zellverbänden (Organoide), Organen und Geweben so gut, dass man Medikamente problemlos an menschlichen Imitaten testen kann. Vor allem aber setzt man auf »in silico«, auf Computermodelle. Kurz nach der Unabhängigkeit hielten viele Wissenschaftler:innen der Islands die Tierversuche noch für unentbehrlich – gerade um komplexe Organe wie das Gehirn, das Zusammenspiel von Organen, Stoffwechselstörungen,

Infektionskrankheiten oder die Interaktion von Darmflora und Körper am lebenden Organismus zu erforschen.[173] Doch es hat sich in der Zwischenzeit viel getan. Die Fortschritte im maschinellen Lernen waren so groß, dass man heute ohne Weiteres auf Versuchstiere verzichten kann. Zwar können Computer ebenfalls nicht in der gewohnten Form über Gefühle, Schmerze und Linderung sprechen. Doch die Bioinformatik baut immer präzisere Simulationen des menschlichen Körpers nach. Das erlaubt präziser und umfassender zu forschen, als es mit Tierversuchen in Karnivoria jemals der Fall war. Ein kurzer Einspieler illustriert, wie ein digitaler Zwilling des Körpers aussieht und wie man damit forscht.[174]

Pränatale Diagnostik und Mini-Labore

Eine Technologie, welche die High Tech Islands zwar selbst nicht brauchen, aber an den Unionspartner Zirkula exportieren, ist die pränatale Diagnostik. Indem Zirkula das Geschlecht der Tiere schon vor der Geburt bestimmen kann, vermeidet die Stadt den Tod von Milliarden männlicher Schafe, Rinder, Schweine, Ziegen und Hühner. Eigentlich hätte auch Karnivoria die Fähigkeit, das Geschlecht der Spermien von Stieren zu bestimmen, fügt die Referentin an. Die Erfolgsquote der Analysen liegt bei über 99 Prozent. Längst müsste kein Rind mehr sterben, nur weil es das falsche Geschlecht hat. Dass es trotzdem passiert, hat kulturelle und ökonomische Gründe. Die Milchbäuer:innen wollen und können nicht in die Spermadiagnostik investieren, sind skeptisch gegenüber technologischen Neuerungen auf ihren Höfen und erzielen mit dem Schlachten der männlichen Rinder schöne Nebenverdienste.

Bei den Hühnern ist die Sache diffiziler. Das Geschlecht des Embryos muss früh erkannt werden, damit sich das Leben im Ei nicht zu weit entwickeln kann. Ab dem siebten Tag können die Embryos Schmerzen empfinden, weshalb der Geschlechtstest vorher erfolgen muss. Um das Töten männlicher Küken zu vermeiden, perfektionierten die High Tech Islands zwei verschiedene Varianten. Beim hormonellen Vorgehen werden die Eier sechs Tage lang bebrütet. Danach wird aus dem Ei etwas

Flüssigkeit gewonnen, um mit einem biotechnologischen Verfahren in kürzester Zeit das Geschlecht zu bestimmen. Beim zweiten optischen Verfahren werden die Bruteier dagegen durchleuchtet und das Geschlecht durch eine Analyse des reflektierten Lichts bestimmt.[175] Aussortierte männliche Eier werden zu Tierfutter – die Hähne schlüpfen gar nicht erst. Die Technologieaffinität erfahre man auf den Islands in vielen anderen Alltagssituationen. Die Spion:innen berichten von weit verbreiteten und auf die individuellen Körper zugeschnittenen Nahrungsergänzungsmitteln. Weil sie zum Essen selbstverständlich dazugehören, denke die Stadt Nahrungs- und Gesundheitsmärkte viel zusammenhängender als Karnivoria. Zu den Schlüsselindustrien der High Tech Islands gehören Mini-Labore. Sie helfen den Einwohner:innen, zu Hause unkompliziert ihre Gesundheitswerte mit Blut-, Urin- und Mikrobiomproben zu überprüfen. Blutwerte ermitteln sie wöchentlich, Mikrobiomanalysen führen sie monatlich durch. Einige sehr gesundheitsbewusste Insulaner:innen gehen so weit, dass sie jede Mahlzeit fotografieren, damit eine künstliche Intelligenz potenzielle Nährstoffdefizite berechnen kann.

Die stylischen Gesundheitsmaschinen exportiert die Insel besonders erfolgreich nach Chlorella, weil man dort Protein-, Eisen- und Vitamin-B_{12}-Mängel fürchtet. Auch Zirkula profitiert von den Innovationen, weil sie es den dortigen Bäuer:innen erlauben, regelmäßig die Blutwerte ihrer Tiere zu messen. Sogar mobile Röntgen- und Ultraschallgeräte mit einprogrammierter künstlicher Intelligenz hat man für die Tiermedizin entwickelt.

Plattformen gegen Foodwaste

Zu Recht sind die Islands stolz, durch digitale Hilfsmittel die Lebensmittelverschwendung um 90 Prozent verringert zu haben. Hilfreich sind dabei Plattformen, die Restaurants und Geschäfte mit Konsument:innen verbinden oder im B2B-Bereich Hersteller mit Upcycling-Produzenten.[176] Beim Sprechen über die Kreislaufwirtschaft unterschätzt man jedoch häufig, dass Sekundärnutzer:innen (etwa von

Fruchtschalen) sehr große Mengen abnehmen müssen. Ansonsten werden die Stoffkreise nicht wirklich geschlossen und es können sich keine neuen Wertschöpfungsketten ausbilden.

Chlorella habe deshalb eine moderierende Funktion in und zwischen den Branchen übernommen. Durch die Vermittlung der Stadt entstehen nun aus vermeintlichen Abfällen zahlreiche Aufstriche und Saucen. Die am häufigsten weggeworfenen Früchte Karnivorias sind übrigens Bananen. Allein in Großbritannien landen täglich 1,4 Millionen Bananen im Abfall.[177] Im B2B-Sektor habe man große Erfolge bei der Weiterverwendung von Molke und Kleie feiern können, die Karnivoria wegwerfe, den Schweinen verfüttere oder zu Gas verarbeite. Nur gerade 25 Prozent blieben im Kreislauf der menschlichen Lebensmittel.[178]

Von den Abfällen der Nahrungsmittelindustrie profitieren auf den Islands viele weitere Branchen. Wie die Kongressteilnehmer:innen wissen, spielen die tierischen Rohstoffe gerade in der Textilindustrie eine große Rolle. Die Spionin zeigt auf ihr Kleid und meint, das Publikum könne sich vermutlich nur schwer vorstellen, dass es aus den Schalen von Zitrusfrüchten bestehe. Das war das Stichwort für eine Reihe von Models, die nun auf den steilen Treppen des Kongresssaals ihre Upcyclingkleider aus Hanf, Flachs und Sisal der Agave vorführen. Die Sohlen ihrer Schuhe seien aus den Schalen von Bananen hergestellt. Apropos Kleider: Die High Tech Islands hätten eine große Kompetenz darin entwickelt, alte Kleider zurück in die Stoffkreisläufe zu bringen.[179]

Bevor am Nachmittag die wirtschaftlichen Aspekte der High Tech Islands diskutiert werden, entlässt die Moderation die Kongressbesucher:innen jetzt aber in die Mittagspause. Die meisten freuen sich, endlich das neue Fleisch zu testen, kennen sie dieses doch nur aus Filmen und von Freunden, die auf den High Tech Islands Urlaub machten.

Die Schlüsselindustrien der High Tech Islands

Gesättigt und überrascht von der authentischen Konsistenz des Laborfleisches setzen sich die Kongressgäste zurück in den großen Saal der Goldenen Sau. Weil sich die Programmleitung der Gefahr der Mittagsmüdigkeit bewusst war, läuft zum Auftakt in den Nachmittag ein Film. Die Drohnenaufnahmen der riesigen Fermenter begeistern das Publikum. Aus dem Off kommentiert ein Sprecher die Filmausschnitte. Wie in Chlorella hätten sich die Schlüsselindustrien der Insel entlang der Produktion von Lebensmitteln herausgebildet. Das gelte ebenso für die Präzisionsfermentation wie für die Gentechnologie und die Zellkulturen.

Zellkulturen

Am anspruchsvollsten zu entwickeln war die Infrastruktur, um die Nährflüssigkeit des Neo-Fleisches skalierbar herzustellen. Aus Kosten- und tierethischen Gründen waren Alternativen zum Kälberserum gefragt. Diese liefert heute die synthetische Biologie. Das interdisziplinäre Forschungsgebiet zwischen Biologie, Molekularbiologie, Chemie, Ingenieurwissenschaften, Biotechnologie und Informatik entwickelt Zellen, Moleküle, Gewebe und Organismen mit Eigenschaften, die in der Natur nicht vorkommen.[180] Doch reicht es nicht, die Ausgangszellen einfach in die Nährflüssigkeit zu werfen. Damit das Kunstfleisch einen ordentlichen Geschmack erhält, muss man sie wie kleine Kinder ständig beschäftigen. Das Fleisch, das man in Karnivoria genussvoll verzehre, ist überwiegend Muskelfleisch. Deshalb bleiben die Reaktoren, wo die Zellen an einer Art Gitter Schritt für Schritt zu Fleisch heranwachsen, ständig in Bewegung. Sie müssen arbeiten, um wie Sportlermuskeln an Masse zuzulegen.[181]

Um die Bioreaktoren zu bauen, war neben naturwissenschaftlicher Kompetenz das Knowhow der Ingenieur:innen gefragt. Sie mussten im wahrsten Sinne »groß« denken. Denn sollten die Preise für das neue Fleisch schnell und drastisch sinken, mussten die Produktionsanlagen eine stattliche Größe erreichen. Je nachdem, in welcher Wachstumsphase sich das Fleisch befindet, müssen die Anlagen gekühlt oder geheizt werden – mit einem entsprechenden Energieverbrauch.[182] Weil die Islands diesen Bedarf antizipierten, setzten sie schon früh auf die Solarenergie. Auf den Dächern der Reaktoren gibt es riesige Solarparks, die Fassaden sind in verschiedenfarbige Panels gekleidet. Die bunt gemusterten Fassaden sind nur auf den zweiten Blick als riesige Solarkraftwerke erkennbar. Beim Bau der Reaktoren achtete man stark auf die Ästhetik und Symbolkraft.

Die Reaktoren prägen die Skyline der High Tech Islands. Sie bringen die Aufbruchstimmung, den Stolz, Futurismus und durch die Verwendung von Recyclingmaterialien das Streben nach Nachhaltigkeit zum Ausdruck. Zwar gibt es in Karnivoria ähnliche Gefäße, um Bier und Wein zu reifen. Doch ihre Größe ist schlicht nicht mit den Anlagen Veganias zu vergleichen.[183] Weiter führt die Spionin aus, die Tanks müssten höchste Sicherheits- und Hygienestandards erfüllen. Es dürfen keine Keime in Umlauf kommen und keine Ernten gefährdet werden. Man fürchtet sich davor, eines Tages wie in Karnivoria großflächig mit Antibiotika arbeiten zu müssen.

Drohnen und Roboter

Zu den technologischen Fähigkeiten der Stadt gehören die Robotik und mit ihr die Drohnentechnologie. Die Islands haben die Präzisionslandwirtschaft perfektioniert, die in Ansätzen schon im alten Karnivoria erkennbar war. Nirgends soll zu viel oder falsch gesät, gewässert, gespritzt oder gedüngt werden.[184] Es kommen zahlreiche Roboter und selbstfahrende Fahrzeuge unterschiedlichster Größe zum Einsatz. Sie erledigen die Arbeit, die früher ein Bauer oder eine Bäuerin mithilfe eines Traktors erledigt hat. Sie säen aus, ernten, stutzen und entfernen das Unkraut. Drohnen unterstützen die Roboter darin, die Gesundheit und die Fitness der Pflanzen und ihrer Böden rund um die Uhr in allen vier Jahreszeiten zu überwachen. Falls nötig, intervenieren die Landwirtschaftsroboter millimetergenau.

Auch bei der Entwicklung der Pflanzen wenden die Islands ihre technologischen Fähigkeiten an. Insbesondere greifen sie in die Fotosynthese ein. Wie dem Publikum bekannt sein dürfte, versucht Karnivoria schon lange, diese zu optimieren – mit dem Ziel, genügend Futter für die Nutztiere bereitzustellen. Erstaunlicherweise ist die natürliche Umwandlung von CO_2 und Sonnenlicht in Zucker und Sauerstoff ziemlich ineffizient. Eine naturbelassene Pflanze wandelt gerade mal fünf

Prozent der empfangenen Energie um. In Karnivoria war die Optimierung der Fotosynthese bisher erfolglos. Aber die High Tech Islands vermeldeten neulich einen Durchbruch. Mittels *Realized Increased Photosynthetic Efficency* (RIPE) ist es gelungen, die Qualität der Fotosynthese zu verbessern und so den Ernteertrag der Pflanzen zu steigern.[185] Die vortragende Spionin berichtet, erste Fortschritte hätte Vegania beim Tabak gefeiert. Er ist eine einfach zu manipulierende Pflanze und die Erfolge sind beträchtlich. Dank etwas menschlicher Unterstützung ist der Ertrag um 40 Prozent gestiegen.[186]

Weiter gelang es den Islands mithilfe der Gentechnologie, die Schädlingsresistenz ihrer Pflanzen zu stärken. Doch in Sicherheit wähnt sich Vegania nicht. Zu tief sitzt der Schock der perfekten Stürme, zu häufig flackern Pflanzenkrankheiten wieder auf, zu oft vernichten Schädlinge die Ernte. Kaum fühlt man sich sicher, machen einem neue Resistenzen das Leben schwer. Die Inseln Veganias befinden sich nicht unter einer Glasglocke oder auf einem Raumschiff. Es ist unmöglich, sich vollständig vor den Gefahren Karnivorias zu schützen.

Skepsis überwinden

Genau wie Chlorella waren die High Tech Islands mit einer heiklen Marketingaufgabe konfrontiert. Die Stadtmanager:innen – und noch mehr die Hersteller von Clean Meat und Clean Fish mussten die Inselbewohner:innen von der Qualität und dem Geschmack ihrer Angebote überzeugen.

Die Referentin erinnert nochmals an die historisch verankerte Skepsis gegenüber Novel Food. 2018 lag der Anteil derjenigen, die aussagten, sie würden eines Tages künstliches Fleisch essen, laut einiger Studien lediglich bei 25 bis 35 Prozent. Immerhin halfen diese Studien aus Karnivoria Vegania, die Kommunikation bei der Lancierung des Kunstfleisches sorgfältig zu planen. So wusste man, dass das politisch linke Lager und jüngere Menschen offener für Clean Meat waren. Entsprechend konnten die Hersteller ihre Marketingkampagnen designen. Zum Beispiel traten sie an den Ständen von Musikfestivals und in Technoclubs auf. Ebenso stand, wer kein oder wenig Fleisch aß, den

Fleisch-Innovationen kritisch gegenüber. Interessanterweise waren in den alten Studien weder ökologische noch ethische Gründe für die Lust am neuen Fleisch entscheidend, sondern gesundheitliche.[187] Auch das ermöglichte den Unternehmern, ihre Zielgruppen präzise zu bestimmen.

Für die Marketingprofis war es in den Anfangsjahren wichtig, eng mit Produktentwickler:innen und dem Gesundheitswesen zu kooperieren. Man wollte die Gesundheit der neuen Produkte nicht nur versprechen, sondern wissenschaftlich bewiesen einlösen. Das verlangte, Clean Meat mit wichtigen Nährstoffen anzureichern, zum Beispiel mit Omega-3-Fettsäuren, Vitamin D und Vitamin B_{12}. Ebenso wichtig war die Kommunikation der Sicherheit. Man dürfe nicht vergessen, betonte die Referentin, dass gerade die deutschsprachigen Länder eher technologiekritisch seien. Beim Essen sei diese Skepsis nochmals ausgeprägter.[188] Deshalb investierten die Changemanager:innen Veganias viel Geld in Qualitäts- und Sicherheitsforschung. Ähnlich wie bei Penetrationstests die Abwehr von IT-Systemen geprüft wird, testen in Vegania professionelle Hacker:innen die Sicherheit der Bioreaktoren.

Die Spion:innen geben jedoch zu bedenken, dass es bis heute nicht gelungen ist, die Traditionalist:innen von den Vorzügen des künstlichen Fleisches zu überzeugen. Diese Anti-Fraktion würde niemals Laborfleisch essen und versucht, illegal an Fleisch aus Karnivoria zu gelangen. Eine Gruppe der radikalen Gegner:innen argumentiert religiös. Sie will nicht, dass der Mensch Gott spielt. Andere Gegner:innen behaupten, der Geschmack von echtem Fleisch sei unverwechselbar – auch wenn in geheimen Geschmackstests weder die Bürger:innen Karnivorias noch die Veganias das alte vom neuen Fleisch unterscheiden können. Vielleicht, so die Referentin, hätten aber manche Traditionalist:innen noch ein ganz anderes Problem mit dem neuen Fleisch. Womöglich seien einige von ihnen in einem alten Männerbild gefangen, das Erfolg und Ansehen mit brachialer Gewalt kopple? Clean Meat sei raffiniert und habe nichts mehr mit Gewaltherrschaft zu tun. Die Referentin macht sich mit dieser steilen These nicht bei allen beliebt. Buhrufe quittieren ihren Abgang.

Kritische Fragen an die High Tech Islands

Nachdem die Spion:innen ihre Erkenntnisse vorgetragen haben, eröffnet die Moderatorin die Fragerunde. Weil die Teilnehmer:innen einander nun bereits besser kennen, ist die Stimmung lockerer als am Vortag. Entsprechend viele Hände gehen in die Höhe, um die Diskussion zu starten.

Ökobilanz von Clean Meat

Der Landwirtschaftsminister darf als Erstes eine Frage stellen. Er will wissen, wie die Ökobilanz von Clean Meat aussieht. Die Antwort des Spionage-Teams ist eindeutig: Clean Meat senkt den Verbrauch von Boden um 99 Prozent und von Wasser um 96 Prozent. Unter dem Aspekt der Nachhaltigkeit ist weiter die deutliche Reduktion der Antibiotika zu erwähnen. Allerdings handelt es sich um eine Verbesserung, von der Vegania so lange nicht profitieren wird, wie Karnivoria aggressiv Antibiotika in der Vieh- und Fischwirtschaft einsetzt. Resistente Keime machen nicht an Grenzen halt. Wie einst die Covid-Viren breiten sie sich entlang von Transportrouten aus. Auch Vegania hat ein Problem mit Resistenzen.

Die befragte Spionin gibt aber zu, die Beurteilung der Nachhaltigkeit von Clean Meat sei anfangs nicht eindeutig gewesen. Nach der Abspaltung habe es auf den Islands viele Fragezeichen gegeben, vor allem bei der Bilanzierung der Treibhausgase und des Energieverbrauchs. Heute wisse man aber, die Emissionsbilanz von Reaktorfleisch sei besonders beim Rindfleisch viel besser als bei der herkömmlichen Produktion.[189] Anders sehe es beim Stromverbrauch aus: Clean Meat sei energieintensiv. Um die Reaktoren in ständiger Bewegung zu halten und deren Temperatur für das ideale Wachstum zu regulieren, müsse man die Maschinen rund um die Uhr mit Strom versorgen. Ähnlich aufwendig sei die Herstellung der Nährlösungen.[190] Das Energieproblem hätten die High Tech Islands nur durch konsequente Investitionen in Wind-, Wasser- und Sonnenenergie nachhaltig lösen können.

Generell erzielt Novel Food sehr gute Ökowerte. Betrachtet man nur die Ökologie, haben technologieintensive Schöpfungen gar die beste Balance zwischen Nährstoffgehalt und Umweltauswirkungen: Milch aus den Zellkulturen der High Tech Islands, Myko- oder Einzellerprotein aus Chlorella sowie Insektenmehl aus Tenebrio.[191] Der ökologische Vorteil der Hightech-Lebensmittel gegenüber tierischen Produkten liegt primär in ihrer hohen Effizienz beim Land- und beim Wasserverbrauch. Aus wenig Ressourcen entsteht viel Ertrag. Die Islands verzichten auf die Aufwertung von essbaren Rohstoffen über den Umweg der Tierkörper. Das gilt für die Proteine von Futtergetreide, das ebenso direkt auf den Tisch kommt wie das in Algen enthaltene Omega-3, das Karnivoria über Fische zu sich nimmt. Nährstofftechnisch ist Novel Food selbst den Proteinbomben Chlorellas überlegen, den Hülsenfrüchten, Nüssen oder dem Tofu. Genetisch aufgewertet, können sie ein viel breiteres Spektrum an Nährstoffen abdecken, inklusive Eiweiß, Calcium und Vitamin B_{12}.[192]

Wirtschaft ohne Bäuer:innen

Ein bärtiger Förster aus dem ländlichen Raum sitzt schon lange unruhig auf seinem Stuhl und ergreift nun das Wort. Es gebe doch noch andere Argumente für die Wahl des richtigen Essens als die Nachhaltigkeit oder die Effizienz, zum Beispiel den Genuss oder die Lust am Zusammensein. Ob das Publikum den Filmklassiker *Brust oder Keule* von und mit Louis de Funès vergessen habe, wo man die Leute mit Plastik füttert?

Brennend interessiere ihn aber vor allem, wie man mit all den Bäuer:innen umgehen wolle, die plötzlich keinen Job mehr haben. Genauso sorge er sich um alle Kühe, Schweine, Hühner und Kaninchen, die in Karnivoria gehalten würden. Die High Tech Islands hätten ja wohl kaum alle Nutztiere umgebracht, um ihre vegane Utopie zu realisieren? Ob Karnivoria seine Millionen Schweine und Hühner plötzlich in die Freiheit entlassen und durch Berlin spazieren lassen werde? Eine junge Spionin verlangt nach dem Mikrofon. Sie antwortet ruhig, dass man sich zuerst klar machen müsse, dass es sich bei den Bäuer:innen zahlenmäßig um eine sehr kleine Gruppe handle. In West-Karnivoria würde noch knapp ein Prozent der Bevölkerung in der Landwirtschaft arbeiten. Bei der Gestaltung eines neuen Ernährungssystems handle es sich um einen Übergangsprozess, den die Bäuer:innen gut verdauen könnten – wenn das Wortspiel erlaubt sei. Global sehe es gewiss etwas anders aus. In afrikanischen Ländern wie Sierra Leone, Somalia oder dem Tschad würde noch über die Hälfte der Wirtschaftsleitung im ersten Sektor erbracht.[193] Erfahrungen mit der Digitalisierung zu Beginn des 21. Jahrhunderts hätten gezeigt, dass eine große technische Revolution – und das sei der Veganismus letztlich – mehr Jobs schaffe als vernichte. Dazu komme ein weiteres beruhigendes Argument. Anders als die vegane Revolution habe die digitale Revolution damals die Arbeit der ganzen Gesellschaft betroffen. In kaum einem Beruf habe man nicht den Umgang mit neuen Medien, mit Computern und Smartphones lernen müssen. Sie gebe dem Fragesteller aber recht. Für die Bäuer:innen alter Schule gebe es in der neuen Welt keinen Platz mehr, zumindest nicht in ihrem alten Beruf. Arbeit gebe es in einer veganen Zukunft aber mehr als genug. Die Rekonstruktion der Gründungsgeschichten von Chlorella und den High Tech Islands habe gezeigt, wie viele engagierte, neugierige und kompetente Mitarbeiter:innen es für Lebensmittelproduktion, -sicherheit, -verarbeitung, -vertrieb, -design und -vermarktung brauchen werde.

Um die urbane und hochtechnologische Landwirtschaft der Islands inklusive Clean-Meat-Industrie zu betreiben, seien viele Biolog:innen, Chemiker:innen, Biochemiker:innen und Bioinformatiker:innen nötig. Architekt:innen und Ingenieur:innen seien ebenso gefragt. Sie bauten die Infrastruktur und inszenierten die markanten Gebäude der Stadt als Wahrzeichen. Bäuer:innen, die bereit seien, sich auf das neue Fleisch einzulassen, hätten ganz neue Perspektiven. Es sei eindrücklich zu beobachten, wie auf den Islands der älteste wirtschaftliche Sektor der Welt in neuem Glanz erstrahle und eine gesellschaftliche Leitfunktion übernommen habe. Sie genössen ihre neue Rolle, die Zukunft aktiv zu gestalten. Der Imageunterschied zu den Bäuer:innen Karnivorias sei gewaltig. Die neuen landwirtschaftlichen Schulen könnten die Nachfrage nach Aus- und Weiterbildung kaum bewältigen.

Tempo des Wandels

Jetzt schaltet sich der Bildungs- und Wissenschaftsminister Karnivorias in die Diskussion ein. Die Herstellung von Clean Meat sei ein komplexer Prozess. Wie es der Stadt gelungen sei, in so kurzer Zeit nutztierfrei zu werden? Die Spion:innen antworten schnell: Man habe es bei der veganen Revolution tatsächlich mit einem disruptiven Wandel zu tun, wie man ihn zuletzt bei der Elektrizität oder eben der digitalen Transformation erlebt habe. Zwischen der Gründung des ersten deutschen Elektrizitätswerks und der Elektrifizierung der großen Städte lagen nur dreißig Jahre. Kaum länger brauchte die digitale Transformation, um unseren Alltag von Grund auf zu verändern.[194]

Bei den erwähnten Fortschrittsschüben seien jeweils drei Kräfte zusammengekommen: eine gesellschaftliche Notwendigkeit, sodann Unternehmen mit Aussicht auf skalierbare Milliardenmärkte und schließlich Verbraucher:innen, deren Gewohnheiten sich wandelten, wobei im Fall der veganen Revolution die Verhaltensänderung tierethisch und ökologisch motiviert gewesen sei. Um die drei Kräfte zu integrieren, bedürfe es einer engen und offenen Zusammenarbeit der involvierten Industrien. Das fördere die Interdisziplinarität, wie etwa der One-Health-Ansatz der Islands zeige. Tier- und Humanmedizin würden eng kooperieren, um Erkenntnisse der Disziplinen zu übertragen und zum Beispiel die Prävention neuer Pandemien bei Menschen durch das Impfen von Tieren zu ermöglichen. Daten und Forschungsergebnisse würden auf den Islands unkompliziert geteilt.

Noch ein anderer Faktor habe Forschung, Entwicklung und Innovation angekurbelt. Es klinge etwas absurd, doch tatsächlich hätten wie in anderen Städten Veganias die Katzen und Hunde eine wichtige Rolle gespielt. Sie seien maßgeblich an den Durchbrüchen von Clean Meat beteiligt gewesen. Die ersten Mahlzeiten seien Katzen und Hunden serviert worden. Anders als Menschen würden diese keine hohen Ansprüche an Form, Geschmack und Konsistenz stellen. Durch den Verkauf des Futters konnte nicht nur die Forschung finanziert werden, sondern Vegania konnte früh von den Economies of Scale profitieren, die mit der Ausdehnung der Infrastruktur der Clean-Meat-Tierfutterindustrien einhergingen.

Alle Macht den Konzernen?
Die Fragen zur Wirtschaft sind noch nicht abgeschlossen. Die Präsidentin eines mittelständischen Unternehmerverbands verlangt das Wort. Sie möchte wissen, ob es auf den Islands nur noch große Konzerne gebe, die das Skalieren beherrschen und die hohen Investitionskosten für ein neues Ernährungssystem tragen können. Grundsätzlich sei es richtig, dass die vegane Variante der High Tech Islands genau wie die digitale Revolution monopolistische Strukturen mit wenigen Konzernen begünstige, antwortet eine Spionin. Das letzte Wort hätten aber die Konsument:innen. Auf den Islands gibt es zum Beispiel viele Mikro-Fermentierereien, die an die Mikrobrauereien Karnivorias erinnern. Sie überleben, weil es Verbraucher:innen gibt, die bereit sind, für handwerklich hergestellte und lokale Produkte höhere Preise zu bezahlen. Sie könne sich an eine kleine Brauerei erinnern, die fermentierten Reis und eine lokal gebraute Sojasauce anbot.[195] Welche Produkte sich durchsetzen, hänge letztlich von der Zahlungsbereitschaft und den Wertehaltungen der Kund:innen ab. Bei vielen Produkten fehle jedoch die Sensibilität für die aufwendigen Herstellungsprozesse in kleinen Unternehmen. Konsument:innen seien sich beispielsweise kaum bewusst, dass der Geschmack einer Sojasauce auf Fermentation beruht und bei Produkten im Supermarkt chemisch nachgebaut wird.[196] Eine mikrofermentierte und ein Jahr im Holzfass gelagerte Variante der lokalen Brauerei koste deshalb fünfmal mehr.

Unter dem Strich handle es sich bei den High Tech Islands um ein anderes wirtschaftspolitisches System, als Karnivoria es gewohnt sei. Der vortragende Spion weiß, wovon er spricht. Schließlich stand er lange Jahre dem Wirtschaftsministerium Karnivorias vor. Der Stadtstaat funktioniere wirtschaftspolitisch ähnlich wie Chlorella und interpretiere seine wirtschaftspolitische Rolle sehr aktiv: als Gestalter der Zukunft, als unternehmerischer Staat mit einer Mission. Die Wirtschaftsnobelpreisträgerin 2030 Mariana Mazzucato hatte in den 2020er Jahren passend von einem »Mission Capitalism« gesprochen – von einem Kapitalismus, bei dem Unternehmen, Regierungen und Gesellschaft gemeinsam Ziele ins Auge fassen und in ihrer Mission Risiken und Renditen teilen.[197] Zum Selbstverständnis des unternehmerischen Staates gehörten die aktive Unterstützung von Start-ups, die Subventionierung der Forschung und die gezielte Auswahl der geförderten Technologien.[198] Er vermute, die High Tech Islands seien jener Teil Veganias, der am stärksten auf diese wirtschaftspolitischen Interventionen angewiesen war.

Eine andere Spionin betont, wie wichtig es in dieser gemeinsamen Mission war, Prozesse der Skalierung in Gang zu setzen. Dadurch wurden die Technologien flächendeckend verfügbar und das Kunstfleisch konnte zu einem vernünftigen Preis angeboten werden. In Karnivoria müsse Clean Meat günstiger als das herkömmliche Fleisch werden, sonst habe es im Verkauf keine Chance.

Gefahr des Innovationsstillstands

Die letzte Frage darf eine Philosophie-Professorin stellen. Sie beginnt ihren Beitrag, wie es sich für eine Philosophin gehört, mit einem kurzen Monolog. Die High Tech Islands hätten die Fleischkultur Karnivorias fortgesetzt und würden diese im identischen Stil subventionieren. Die Clean-Meat-Industrien beruhten auf der Ideologie, der Mensch sei nur Mensch, wenn er Fleisch esse. Ein Wandel der Essgewohnheiten finde auf den Islands nicht statt. Die Bürger:innen könnten sich ernähren, wie sie es immer getan haben. Der Vorstellung, der Appetit auf Fleisch sei naturgegeben, würde nichts entgegengesetzt.[199] Für die Menschheit sei dieser Stillstand und das Beharren auf Fleisch doch eher ein Rück- als ein Fortschritt. Es seien doch alle im Saal einverstanden, dass es ein Verlust sei, wenn wir künftig statt natürlicher Produkte von Feld und Wiese Kunstprodukte aus Fässern konsumieren.

Im Gegenteil, auf diesem Innovationsstillstand beruhe gerade der Reiz einer fast unsichtbaren, aber riesigen kulturellen Transformation, entgegnet ein Spion. Er glaube, eine vegane Revolution habe in Karnivoria nur eine Chance, wenn sie den Menschen weiterhin erlaube, Fleisch zu essen. Andernfalls drohten Widerstand und Revolten. Mit Laborfleisch könne alles so bleiben, wie es ist. Das sei ein guter Kompromiss. Die Menschen würden zwar Fleisch essen, aber die Produktionsbedingungen seien nachhaltiger und tiergerechter als in Karnivoria. Es sei eben gerade nicht so, dass sich auf den Islands nichts verändert habe. Im Gegenteil sei es beeindruckend, wie schnell man neue Wege zu Fleisch-, Fisch- und Milchprodukten gefunden habe und die altmodische industrielle Nutztierkultur überwunden habe. Eine größere Gefahr bestehe eher in der Sicherheit der Produktionsanlagen. Es gebe Stimmen, die meinten, man könnte versehentlich perfekte Bedingungen für Keime schaffen und am Ende doch wieder Antibiotika benötigen.[200] Die Moderation unterbricht die Diskussion. Das Thema ist ihr zu heikel. Zudem ist es längst Zeit für den geselligen Teil des Tages. Der informelle Austausch über die präsentierten Zukunftsmodelle soll nicht zu kurz kommen. Mit ihrem strengen Zeitmanagement kommt das Moderationsteam denjenigen Kundschafter:innen entgegen, die am dritten Tag über Tenebrio, City of Downsizing berichten. Die Bewohner:innen dieser Insel essen ebenfalls Fleisch, aber eines, das für Karnivoria in höchstem Maße gewöhnungsbedürftig ist.

Tag 4: Tenebrio, City of Downsizing

Die Tenebrio-Vision

Lange Zeit verfolgte die City of Downsizing dieselbe Vision wie Chlorella. Es ist eine technologieaffine Stadt mit vielen Wolkenkratzern aus Holz und langen Stränden. Ganz Vegania liebt es, hier Urlaub zu machen. Auf Tenebrio sollte ebenfalls alles pflanzenbasiert funktionieren. Doch vor zehn Jahren führte die Stadt die Nutztiere wieder ein. Allerdings isst die Insel statt Kühen, Schafen und Hühnern das Fleisch von Tieren ohne Gehirn: Quallen, Muscheln und vor allem Insekten. Neben den Tenebrio-Larven des Mehlwurms setzt die Insel auf Grillen, Heuschrecken, Seidenraupen, Ameisen-, Bienen- und Wespenlarven. Es ist eine Retro-Vision, in Asien gehören die Insekten schon lange zum Speiseplan.[201]

Innerhalb der Union ist die Vision nicht unumstritten. Insbesondere das Verhältnis zu Chlorella ist angespannt. Kritiker:innen argumentieren, die Downsizer:innen würden gar keine vegane Welt anstreben. Zwar können die Insektenzüchter:innen diese Kritik nicht völlig entkräften. Aber sie argumentieren, die verkochten Tiere würden keinen Schmerz empfinden. Deshalb sei es zulässig, sie zu halten, zu kultivieren und sogar zu töten. Sie berufen sich auf den aktuellen Forschungsstand: Ohne hochentwickeltes Nervensystem können diese Tiere weder Schmerz empfinden noch Gefühle entwickeln.[202]

Aus ökologischer Sicht ist die Haltung der Insekten unproblematisch. Sie verbrauchen viel weniger Platz und Ressourcen als Kühe, Ziegen oder Schafe, sind weniger gefräßig und stoßen viel weniger CO_2 aus. Ein Schwein zum Beispiel produziert hundertmal mehr Treibhausgase als eine vom Gewicht her vergleichbare Menge an Mehlwürmern. Die Kultivierung benötigt weder Pestizide noch Antibiotika. Beim Wasser fällt der Vergleich noch krasser aus. Ein Kilogramm Insektenproteine verbraucht 2500-mal weniger Wasser als ein Kilogramm Rindfleisch. Der ganze Wurm ist essbar, anders als bei Kühen, wo in der Produktion Knochen, Hörner und Haare anfallen.[203]

Die Ernährung auf Tenebrio

Am dritten Tag des Zukunftskongresses sind die Moderator:innen, die Teilnehmer:innen und die Referent:innen schon ein eingespieltes Team. Die Stimmung ist gelöst und wie jeden Morgen werden vor Tagungsbeginn ein paar Videos vorgeführt, heute in 3-D. Das Publikum freut sich auf die Geschichten der neuen Spion:innen.

Gemeinsame Wurzeln mit Chlorella

Am Anfang Tenebrios stand die Einsicht, in einer Welt ohne Insekten würde es irgendwann keine Menschen mehr geben. Die Stadt erkannte, wie dramatisch die Entwicklung war. Seit 1970 war der Insektenbestand um 90 Prozent geschrumpft.[204] Das hatte weitreichende Folgen, weil sich größere Tiere wie Frösche, Fische oder Vögel von Insekten ernähren und viele Kleinkreaturen für die Bestäubung von Beeren, Gemüsen und Früchten unerlässlich sind. In vielen Ländern Karnivorias übernehmen diese Aufgabe inzwischen Drohnen oder sogar schlecht bezahlte Arbeiter:innen. Schon Ende 2022 schätzte man den Ernteausfall durch Insektensterben bei Früchten und Nüssen auf 5 Prozent.[205] Drei Viertel aller Nutzpflanzen sind von Hummeln und ähnlichem Getier abhängig, wobei bei Kürbissen, Äpfeln, Süßkirschen, Blaubeeren und Wassermelonen die Wildbienen wichtiger als die Honigbienen sind.

In den ersten Jahren ihrer Unabhängigkeit setzte die Union deshalb alles daran, die Lebensbedingungen der Insekten zu verbessern. Der Einsatz von Pestiziden wurde so weit wie möglich zurückgefahren. Es wurden Biotope angelegt und Insektenhotels aufgestellt – an Busstationen, Bahnhöfen, auf den Flachdächern von Supermärkten und Parkanlagen. Von großer Bedeutung waren die neu gepflanzten Flächen mit Hecken und Bäumen. Die Insekten erhielten Rückzugsräume, wo sie Nahrung finden und sich vermehren konnten. Die Referentin zeigt eindrückliche Vorher-Nachher-Bilder. Auf den alten Fotos erkennt das Publikum Betonwüsten und riesige Monokulturen ohne Hecken, Bäume und Wasserflächen, ohne Platz für Insekten.[206] Weiter staunt das Publikum, wie hell die Nächte Karnivorias im Vergleich zu jenen Veganias sind – ein Faktor, der die Insekten zusätzlich unter Druck setzt.

Wie Chlorella entschied sich Tenebrio zunächst für eine voll vegane Ernährung. Alles sollte pflanzenbasiert funktionieren. Aber die Visionen entwickelten sich in verschiedene Richtungen. Während Chlorella streng vegan blieb, wählte Tenebrio einen liberaleren Ansatz. Ein Grund dafür war, dass es im Land eine karnivorische Bewegung gab, die propagierte, die Pflanzen würden die Menschen nicht ausreichend mit Proteinen versorgen. Auf Podiumsdiskussionen und in den Leitmedien Tenebrios wiederholte man unablässig die These, pflanzliche Proteine würden nicht satt machen, sie hätten eine unzureichende Wertigkeit. Um mit ihren Reformideen nicht zu viel Widerstand zu provozieren, forderte die Bewegung die Produktion tierischer Proteine mithilfe von Insekten.[207] Es war der Anfang großer Investitionen in eine entsprechende Infrastruktur. Wie sich später herausstellte, verfolgte die Bewegung mit ihrer Kampagne und ihrer Lobbyarbeit für die Insektenindustrie aber noch ganz andere Ziele. Die Insektenunternehmen lieferten heimlich Proteine für die Nutztierfütterung nach Karnivoria und verdienten sich damit eine goldene Nase. Der schmutzige Deal flog auf und kostete einige Stadtpolitiker:innen den Job.

Ein weiterer Grund für den Aufbau der Insektenindustrie war der Wunsch vieler Downsizer:innen, Haustiere halten zu dürfen. In der streng veganen Welt Chlorellas ist dies nicht oder nur durch illegale Fleischimporte aus Karnivoria möglich. Für die Ernährung von Katzen und Hunden eignen sich Insekten sehr gut, erklärt ein Spion. Sie sind gut verdaulich und proteinreich, Insektenmehle erreichen einen Rohproteingehalt von 42 bis 63 Prozent.[208] Je nachdem, welche Tiere die Hersteller verarbeiten, punktet das Futter außerdem mit vielen weiteren Nährstoffen, mit ungesättigten Fettsäuren, Vitaminen, Calcium, Magnesium, Selen, Phosphor, Eisen und Zink. Die Larven des Mehlkäfers enthalten genauso viel Omega-3 wie Fische.[209] All diese Nährstoffe sind für Menschen ebenso interessant wie für Haustiere.

Hochwertiges Insektenprotein

Besonders in den ländlichen Regionen Asiens und Afrikas ist das Wissen über die Verwendung der Insekten als Gewürze, Farbstoffe und

Nahrungsmittel nach wie vor weit verbreitet. Aufgrund der Urbanisierung in Afrika und Asien ist aber zu befürchten, dass Karnivoria sein Insektenwissen ebenso verlieren wird wie sein Pflanzenwissen. Wenn man das noch vorhandene Insektenwissen speichern will, ist also Eile geboten. Aus dem Boden tauchen wie aus dem Nichts farbenfrohe Hologramme von Insekten auf. Auf drei Meter vergrößert, krabbeln sie durch die Reihen der Zuhörer:innen, die teils vor Schreck, teils vor Neugierde von ihren Stühlen aufspringen. Die darauffolgenden Videosequenzen zeigen, wie die Spion:innen die ungewohnten Speisen genießen. Ein Raunen geht durchs Publikum, die Moderation beruhigt und meint, etwaige Sorgen seien unbegründet, denn die Insekten-Vision Tenebrios sei alles andere als disruptiv. Etwa zwei Milliarden Menschen in 140 Ländern essen schon heute Insekten. Aus dem riesigen Angebot kommen für die menschliche Ernährung 1900 Arten infrage, primär Käfer und Raupen, aber auch Heuschrecken und Fliegen. Die unterschiedlichen Essgewohnheiten der Kontinente erklären Ethnolog:innen mit kulturellen Traditionen, die wiederum mit den klimatischen Bedingungen beziehungsweise dem Tier- und Pflanzenvorkommen zusammenhängen. In wärmeren Gegenden gedeihen größere Insekten, die attraktiver zu verarbeiten sind.

Aber trotz Einsicht in die Protein-Potenziale ist es vor allem in den westlichen Regionen Karnivorias bis heute nicht gelungen, die Insekten auf die Teller zu bringen.[210] Das ist merkwürdig, denn global betrachtet gelten einige Insekten als Delikatessen: die Larven einer Riesenwespe (Japan), die fingerlangen Raupen der Kaisermotte (Südliches Afrika), die Eier der Weberameise (in Südostasien) oder die Sagowürmer, die man in Papua-Neuguinea roh, geräuchert, geröstet oder in Bananenblättern gedämpft genießt. In Vietnam verspeist man die Larven lebendig mit Fischsauce.[211] Die Aborigines essen »witchetty grubs«, handgroße Riesenmaden, in Südamerika gehören Grillen und Blattschneiderameisen zum Speiseplan, in China Hundertfüßer, in Südkorea Seidenraupen, in Indonesien Libellen. Die halbwilde Zucht von Mopane-Raupen war im südlichen Afrika schon 2006 ein 85-Millionen-Business.[212]

Für die schlechte Integration ins europäische Ernährungssystem gibt es zudem regulatorische Gründe. Mehlwürmer, Wanderheuschrecken und Grillen wurden in der Schweiz erst seit 2017 offiziell als Lebensmittel zugelassen.[213] Die EU war noch langsamer, die nahrhaften Hausgrillen beispielsweise durften erst 2022 als menschliches Lebensmittel verkauft werden. Dabei war die Skepsis in Europa nicht immer so ausgeprägt gewesen, meint die Rednerin. Früher war man aufgeschlossener, zwangsläufig – weil in Kriegszeiten das Essen knapp war oder Insekten wie der Maikäfer zur Plage wurden. 1660 setzte der Kanton Uri Käfervögte ein, welche die Bevölkerung beim Einsammeln der Maikäfer unterstützten. 1909 wurden allein im Kanton Zürich rund 350 Millionen Käfer abgeliefert, in Wien 1951 eine Milliarde.[214] Die städtischen Tierkörperverwertungsanstalten verarbeiteten sie tonnenweise zu Maikäfermehl, mit dem man Hühner und Schweine fütterte.

Genauso verkochte man sie zu Käfersuppen, in Konditoreien wurden sie verzuckert verkauft, in den Küchen der Bevölkerung zu leckeren Nachspeisen verarbeitet. Die Spionin zitiert genüsslich aus einem alten Kochbuch: »Man nehme die Maikäfer, reiße ihnen Flügeldecken und Beine ab, röste ihren Körper in heißer Butter knusprig, koche sie dann mit Hühnerbrühe ab, tue etwas geschnittene Kalbsleber hinein und serviere das Ganze mit Schnittlauch und gerösteten Semmelschnitten.«[215]

Die Riesenwasserwanze und ihr Kaviar

Auf Tenebrio feiern die Maikäfer kein Comeback. Zum einen gibt es durch die aggressive Bekämpfung zum Schutz der Landwirtschaft keine so großen Schwärme mehr wie noch am Anfang des 20. Jahrhunderts.[216] Zum anderen will Tenebrio keine Käfer in der Wildbahn einfangen, sondern auf hygienisch einwandfrei produzierte Zuchtinsekten zurückgreifen.

Zu den Insekten, die bis heute die Ernährung der Downsizer:innen prägen, gehören Heuschrecken, Grillen und Mehlwürmer.[217] Ein wichtiges Kriterium für die Auswahl war der Proteinanteil. Grillen zum Beispiel bestehen zu fast 70 Prozent aus Eiweiß. Aus ökonomischen und kochtechnischen Gründen züchtet Tenebrio gerne große Insekten –

zum Beispiel die ursprünglich in Amerika und Südostasien beheimatete protein-, calcium- und eisenreiche Wasserwanze, die bis zu 6,5 Zentimeter groß wird. In Mexiko ist sie eine wichtige Nahrungsquelle. Schon die Azteken aßen das Rieseninsekt, in Mais gehüllt. Die Downsizer:innen genießen nicht nur den von Flügeln und Beinen befreiten Körper des Insekts, sondern nutzen auch sein Sekret. Wie in der thailändischen Palastküche wird es tröpfchenweise aus den Tieren gedrückt und verteuert die sparsam damit gewürzten Speisen »exorbitant«.[218] Sogar die Eier des kakerlakenähnlichen Insekts werden verzehrt. Aufgrund ihres körnigen Aussehens nennt man die aztekische Delikatesse »Wasseramarant«.[219]

Tab. 3 Eiweiß auf 100 Gramm Insekten

Mehlwürmer	Buffalowürmer	Grillen	Wanderheuschrecken
45 g	56 g	70 g	48 g

Der mexikanischen Herkunft folgend, nannte Tenebrio das aus der Wanze und ihren Eiern bestehende Gericht Ahuauhtli, aztekisch für Wasserfliegen-Eier. Bei Kindern ist es sehr beliebt. Sie kennen die Wanzen aus den riesigen Stadtaquarien Tenebrios, wo sie die männlichen Tiere beobachten können, die die gesamte Brut auf dem Rücken tragen. Das ist kein einfacher Job, der Nachwuchs wiegt bis zu dreimal so viel wie der Träger selbst. Aber auf dem Rücken der Männerwanzen sind die Eier besonders gut vor Fressfeinden geschützt.[220] Einzig die Fortpflanzung der Wasserwanze ist nicht ganz jugendfrei. Amüsiert erzählt die Spionin, die sich im Agententeam durch das mutige Ausprobieren sämtlicher Insektenspeisen Respekt verschafft hat, vom rüden Paarungsvorgang. Die Wanzen mögen es ausgiebig, der Sex wird bis zu 30-mal wiederholt. Ein Monat nach der Paarung können die Eier abgelegt werden. Nach einem Kampf macht das Weibchen sein Männchen gefügig und klebt die Eier auf seinen Rücken.[221]

Die Insekteneier fügen sich prima in die Haute Cuisine ein und erinnern geschmacklich an Kaviar. Ekliger oder ethischer als die Eier der

Fische zu essen, sei das nicht. In Tenebrio habe sie Ameiseneier probiert, berichtet die Spionin. Von einem Cassis-Gel begleitet, schmeckten sie ganz vorzüglich.[222] Sie genießt es sichtlich, ihren Food Porn auf der Leinwand vorzuführen. Besonders in Erinnerung sei ihr die Drohnenbrut geblieben, serviert auf Kirschsorbet. Etwa die Hälfte aller Imker:innen führt jedes Jahr Drohnenschnitte durch, mitunter, um gegen die Varroa-Milbe vorzugehen, die sich in den großen Waben besonders wohlfühlt.[223] Allein in der kleinen Schweiz werfen Imker:innen jährlich hundert Tonnen Larven der männlichen Honigbienen weg. Röste man die Puppen lange genug, entwickeln sie einen Geschmack, der an Pinienkerne erinnere. Die Larven wiederum eignen sich als Ei-Ersatz und geben Süßspeisen eine besondere Note.[224]

Es sei alles eine Frage der Gewohnheit, meint die Spionin. Wir alle würden täglich das Gehirn abstellen und uns keine Gedanken über Herkunft und Verarbeitung unserer Lebensmittel machen. Allerdings werden selbst auf Tenebrio die Insekten selten in ihrer ursprünglichen Form verspeist, die Nahrungsmittelindustrie verarbeitet sie fleißig weiter. Beim Essen ist so wenig Insekt zu sehen wie von der Kuh beim Käse. Man zermalmt, röstet, brät, frittiert sie, fermentiert, hüllt sie in Schokoladen- und Nussmäntel ein. Wie in Chlorella sind die Pseudo-Fleischprodukte ziemlich verbreitet, zum Beispiel Burger und Hackfleisch. Ebenfalls beliebt sind pürierte Insekten in der Form von Chips, Ölen, Granola, Mehlen und Crackern. Die Fitness-Community konsumiert sie als Protein-Riegel.[225]

Insekten als Upcycler

Bei der Insektenzucht profitieren die Downsizer:innen von einem angenehmen Nebeneffekt. Die gezüchteten Minitiere liefern Proteine für Menschen und Haustiere und fressen, um zu wachsen, praktischerweise den Müll weg. Damit setzt Tenebrio die Tradition der kreislauforientierten Landwirtschaft fort, die Karnivoria jahrhundertelang geprägt hatte. Auf den Höfen des 19. Jahrhunderts aßen die Schweine die Küchenabfälle weg und Hühner ernährten sich von übersehenen Körnern. Wie das Vorprogramm des Kongresses gezeigt habe, sei die kreislauforientierte Landwirtschaft in den letzten Jahrzehnten aber gründlich außer Balance geraten. Mit den Insekten sei Tenebrio nun aber zu dieser zurückgekehrt. Die Schwarze Soldatenfliege verwertet fleißig Bioabfälle und die Larve des Großen Schwarzkäfers brilliert sowohl durch ihre Fressgewohnheiten wie durch ihre Größe. Die Superwürmer, die mit sechs Zentimeter deutlich größer als Mehlwürmer werden, verwerten Plastik.[226] Das sei eine ganz vorzügliche Eigenschaft, meint die Spionin, gebe es in Karnivoria doch trotz aller gegenläufigen Bemühungen immer noch Unmengen an Plastik und Mikroplastik, die die Umwelt verschmutzen und unsere Gesundheit gefährden.

Überhaupt prägt die Philosophie der Kreislaufwirtschaft die gesamte Insektenzucht – von der Wahl des Futters für die Insekten bis zur Verwendung der Abfälle. Besonders die Exkremente und die von den Larven im Wachstum abgestreiften Hüllen sind für Tenebrio interessante Rohstoffe. Sie sind reich an Stickstoff und liefern dadurch ein Nebenprodukt, das nicht nur in Vegania, sondern auch in Karnivoria heiß begehrt ist: Dünger. Das Chitin der auf die Felder verstreuten Insektenhüllen lockt Bakterien an, die den Pflanzen helfen, widerstandsfähiger gegen Krankheiten und Schädlinge zu werden. Entsprechend umweltfreundlich sind diese Dünger, zumal sie in der Herstellung viel weniger CO_2 ausstoßen als die chemischen Produkte Karnivorias.[227]

Die anderen Visionen Tenebrios

Das Konzept des Downsizings folgt dem Beschluss Tenebrios, nicht allen Tieren dasselbe Bewusstsein zuzusprechen. Entscheidend für die Klassifizierung ist für die Verantwortlichen, ob ein Lebewesen ein hochentwickeltes Nervensystem hat. Man beruft sich auf die Vermutung, dass wer keines habe, keine Schmerzen empfinde. Wenn die Tiere aber nicht leiden können, müssten die Sorgen der Tierschützer:innen schwinden, sowohl was die Haltung als auch was die Tötung betrifft. Zudem sind die von Tenebrio gehaltenen Nutztiere weniger intelligent als jene Karnivorias und stehen dadurch weit hinten in der Nahrungskette. Aus Sicht der Menschen ist dies günstig, weil es eine Aufzucht mit primitiven Rohstoffen ermöglicht und man nicht wie für Gänse oder Schweine abwechslungsreiche Lebensbedingungen schaffen muss.[228]

Nicht nur Insekten auf dem Speiseplan

Insekten sind nicht die einzigen Lebewesen ohne komplexes Nervensystem. Über die Zeit hinweg erlaubte sich Tenebrio deshalb, weitere Tiere in sein Ernährungssystem aufzunehmen: Quallen, Meeresschwämme, Muscheln und Weichtiere. Mit etwa 130 000 Arten bilden letztere (Mollusca) nach den Insekten die zweitgrößte Tiergruppe des Planeten. Entsprechend ausgeprägt ist die Vielfalt. Einige leben an Land, die meisten im Wasser.

Wichtig für Tenebrio sind die Jakobsmuscheln. Die mit bis zu zweihundert Äuglein bestückten Seetiere sind protein- und omega-3-reich.[229] Die Muscheln werden an Netzen im Wasser gezüchtet und verursachen kaum Schäden im umgebenden Lebensraum. Weder müssen sie gefüttert werden, noch kommen Chemikalien zum Einsatz.[230] Der WWF und das auf Fischfang spezialisierte Maritime Safety Committee attestierten der Zucht schon in den 2020er Jahren eine hohe Nachhaltigkeit. Doch nicht alle Bürger:innen Tenebrios essen Jakobsmuscheln, zeigen sie doch Eigenschaften von höheren Tieren. Sie werden über zwanzig Jahre alt und schwimmen, indem sie ihre Schalen rasch öffnen und schließen. Im Hintergrund zeigt eine Projektion, wie eine Muschel vor einem gefräßigen Seestern flieht.

Regelmäßig auf dem Teller findet man Quallen. Die Schirme der fast blinden Tiere erreichen bei manchen Arten einen Durchmesser von bis zu 2 Metern, die Nesseln können über 30 Meter lang werden. Unbestritten ist der Verzehr von Quallen in Tenebrio aber nicht, fügt eine Spionin an. Sie haben zwar kein Gehirn, sehr wohl aber Sinneszellen. Diese nehmen Reize wahr und reagieren auf Kniffe, Schnitte oder Chloroform, wie George Romanes bereits Ende des 19. Jahrhunderts systematisch nachgewiesen hat.[231] Bevor sie über die Ernährungspotenziale der Quallen spricht, möchte die Referentin kurz die ökologischen Nebeneffekte der Quallenzucht beleuchten. Die glibberigen Kreaturen helfen Tenebrio, die Meere zu heilen. Quallenschleim verklumpt und reinigt das Wasser von Nanopartikeln, die etwa durch Cremes und Kosmetika ins Wasser gelangen.[232] Übrigens dienen Quallen der Kosmetikindustrie, um Feuchtigkeits- und Anti-Aging-Cremes herzustellen. Karnivoria gewinnt es aus Schlachtabfällen – aus dem Haut- und Bindegewebe der Rinder und Schweine beziehungsweise seit der BSE-Krise zunehmend aus Fischhäuten.[233]

Hervorheben möchte die Spionin noch eine weitere überraschende Eigenschaft der Quallen. Ihre Superzellen vermögen tote Zellen zu ersetzen. Ganze Fangarme oder Teile des Schirms können repariert werden.[234] Diese Fähigkeit weckte das Interesse der Life Sciences. Das Studium der Quallen versprach nicht weniger als das ewige Leben. Um diesem Menschheitstraum näherzukommen, entsandte Vegania ein Taucherteam an die Küste Mallorcas. Die dort heimische, wenige Millimeter große farblose oder rosafarbene Qualle *Turritopsis nutricula* kann sich selbst verjüngen. Das macht sie unsterblich.[235] Wie genau man ihre Fähigkeit, oxidativen Stress zu vermeiden und sich in einem ewigen Kreislauf von der Medusa zum Polypen und wieder zurückzuentwickeln, auf den menschlichen Körper übertragen kann, sei allerdings noch nicht geklärt. Zumindest hätten die Taucher:innen nichts in Erfahrung bringen können, gibt die Spionin zu.

Quallen als Klimagewinner

Das ursprüngliche Interesse an den Quallen hatte praktische Gründe. Anders als viele Fische gehören sie zu den Gewinnern des Klimawandels. Er erschloss ihnen neue Lebensräume, zum Beispiel in der Nord- und Ostsee, wo sich nicht heimische Arten ansiedelten.

Sie profitierten davon, dass sie als nicht essbar oder als unappetitlich gelten und sie die Menschen deshalb in Ruhe lassen. An beliebten Stränden der Côte d'Azur oder an der Amalfiküste kann man mittlerweile regelmäßig Quallenblüten beobachten, Massenvermehrungen infolge des aufgewärmten sauren Wassers. Weil Karnivoria die Meere schamlos überfischt hat, gingen Nahrungskonkurrenten und Fressfeinde der Quallen verloren, was deren Ausbreitung zusätzlich förderte. Fehlen aber die Fische, werden weniger Jungtiere gefressen. »In einigen Meeresgebieten, darunter Teilen des Schwarzen Meeres und einigen norwegischen Fjorden, sind die Quallen sogar schon zur Plage geworden«, zitiert die Referentin einen renommierten Meeresforscher.[236] Neben den Fischen bedrängen die Quallen auch die Fischer:innen. Sie verstopfen deren Netze und vergiften die Fänge, die im Zweifelsfall weggeworfen werden müssen. Da sie sich massenhaft vermehren, vertilgen sie Unmengen an Fischlaich und Fischlarven und dezimieren dadurch deren Bestände. Eine drastische Methode, um der Plage Herr zu werden, wählte Südkorea. Unterwasserroboter patrouillieren und schreddern, was ihnen in die Quere kommt.[237]

Eleganter und effizienter lässt sich das Problem lösen, wenn man die Quallen ins Ernährungssystem integriert. Wie die Algen und Insekten isst man die unbeliebten Nesseltiere in Asien schon lange – zum Beispiel in Suppen und Salaten, serviert mit Ingwer und Gurke.[238] Zwar bestehen sie zu 98 Prozent aus Wasser, die restlichen zwei Prozent sind für die Herstellung von Nahrungsmitteln aber durchaus interessant und mit anderen Meeresfrüchten vergleichbar. Schon 2023 erklärte ein Pionier Karnivorias: »Quallen sind fettarm und bestehen hauptsächlich aus Eiweiß, das teilweise einen hohen Anteil an essenziellen Aminosäuren aufweist. Sie enthalten außerdem viele Mineralstoffe und mehrfach ungesättigte Fettsäuren.«[239] In den riesigen Aquarien Tenebrios trifft man häufig auf die Mangrovenqualle *Cassiopeia andromeda*. Ursprünglich in tropischen Gewässern heimisch, avancierte sie zum beliebten Zuchtobjekt, weil auf ihrem Körper Algen leben, die durch ihre Fotosynthese die Qualle mit Energie versorgen. Zusätzlich ernähren muss man sie deshalb kaum. Mittels LED-Technik kann man sie ohne Tageslicht kultivieren, sogar mitten in der Stadt.

Bedauerlicherweise, so die Spionin, sei es aber ähnlich wie bei Insekten sehr schwer, Quallen in die westliche Küche einzuführen. Neben der Konsistenz ist die Durchsichtigkeit ein Problem. Glitschiges möge man in Europa nicht und die Farblosigkeit der Qualle bringe es mit sich, dass man mehr sieht, als einem lieb ist – zum Beispiel den Mageninhalt. Das erfordert, die Quallen stark zu verarbeiten und viel Marketing zu betreiben. Tenebrio ging bei der Vermarktung über beide soziale Enden der Gesellschaft. Oben führte man die Quallen über die Sternegastronomie ein, unten popularisierte man sie über billige, aber gesunde Chips.[240] Prominente Fußballstars halfen bei der Vermarktung der Jelly Chips kräftig nach.

Sexmuffel Seegurke

Ebenfalls unverzichtbar für das Ernährungssystem Tenebrios sind die gehirn- und augenlosen Seegurken. Den Wüstenwürmern aus dem Dune-Epos ähnlich, wenn auch wesentlich kleiner, eignen sie sich bestens für die Haltung in Aquakulturen. Ihr Ernährungsverhalten ist praktisch, sie haben eine Vorliebe für Abfälle, etwa tote Algen oder die Ausscheidungen anderer Tiere. Diese Ernährungsgewohnheiten kamen Tenebrio sehr entgegen, weil man die Infrastruktur aus Karnivoria und Chlorella übernehmen konnte – zum Beispiel Lachs- oder Algenfarmen.[241] Die häufigste Art wird etwa 25 Zentimeter groß, ist eiweißreich und enthält die Vitamine A, B und C.[242] Weltweit gibt es 1700 Arten, wobei die kleinsten nicht größer als einige Millimeter und einige Prachtexemplare über drei Meter lang werden. Besonders edel sind die runden See-Äpfel, die an kostbare Fabergé-Eier erinnern.

Pionierarbeit in der Zucht leisteten Sansibar und Sri Lanka. Die Spion:innen zeigen einen TV-Beitrag aus den 2020er Jahren. »Die Seegurkenindustrie in Sri Lankas Norden boomt. Allein rund um Jaffna gibt es rund 600 Zuchten, viele von ihnen wurden erst vor kurzem eröffnet.«[243] In den westlichen Gebieten Karnivorias waren die Seegurken damals als Nahrungsmittel ähnlich unbekannt wie heute. Einzig Katalonien servierte die Muskelstränge der Königsseegurke als Espardenyes. In Asien hingegen waren einige Arten so beliebt, dass sie überfischt wurden. Noch heute stehen sieben der kommerziell am häufigsten genutzten Seegurken auf der Roten Liste der Union for Conservation of Nature. Die ursprünglichen Bestände brachen um mehr als die Hälfte ein. Inzwischen gibt es weniger als eine Seegurke pro Quadratmeter Meeresgrund.[244] Aus der Knappheit entwickelten sich Schwarzmärkte. Zum Beispiel drangen indische Fischer:innen in die Gewässer Sri Lankas ein, um dort illegal zu jagen. Sogar die Yakuza, die japanische Mafia, soll ihre Finger im Spiel haben.[245] In Japan zahlen Feinschmecker:innen für die japanischen Stachelseegurken einen Kilopreis von bis zu 3000 Dollar. Das ist etwa gleich viel wie für ein Kilo Eier vom Beluga-Stör.[246]

Eine treibende Rolle für die Gefährdung spielte China – wegen seiner riesigen Bevölkerung und weil die Seegurke hier Wohlstand und Luxus symbolisiert. Um seinen Reichtum zu demonstrieren, serviert man sie auf Hochzeiten, Banketten oder am Neujahrsfest.[247] Weiter ist die Gier nach Seegurken dadurch zu erklären, dass ihnen die traditionelle chinesische Medizin therapeutische Wirkungen attestiert. Sie soll Krebs und Demenz heilen und darüber hinaus noch die Potenz steigern. Was naiv klingt, hat Zukunftspotenzial. Seit den 2020er Jahren erforscht selbst Karnivoria ihre Stoffe, sie könnten in der Therapie von Krebs und Gelenkschmerzen hilfreich sein. Das weltweite Interesse der Pharmariesen hängt aber auch mit der Selbsterneuerung der Seegurke zusammen. Wie die Qualle ist sie fähig, zerstörtes Gewebe und sogar Teile ihres Nervensystems wiederherzustellen. Doch trotz all dieser Versprechen blieben die Seegurken bis zur Unabhängigkeit Veganias schlecht erforscht und ebenso schlecht geschützt. Nicht einmal Fangzahlen existierten.[248]

Die Tiere sind bedroht, weil sie von Hand einfach zu fischen und ihr Aussehen dem Schutz ebenfalls nicht förderlich ist. Seegurken sind nicht so putzig wie Wale oder Delphine, dazu atmen sie durch ihren Anus. In Italien nennt man sie derb *Cazzo di Mare*.[249] Entsprechend schwierig ist es, Geld für ihren Schutz aufzutreiben. »Für marine wirbellose Tiere lassen sich nicht so viele Fördermittel einwerben wie für Fische, Korallen oder andere charismatische Meerestiere.«[250] Dieser Geringschätzung stehen paradoxerweise zahlreiche ökologische Vorzüge gegenüber. Sie waschen die Meere von den Sünden Karnivorias rein, indem sie überschüssige Nährstoffe aufsaugen, die durch Dünger und Abwässer in die Meere gelangen. Seegurken räumen auf und verhindern ein destruktives Algenwachstum. Deshalb versucht Vegania, die Gurken wieder im offenen Meer anzusiedeln. Sie binden Kohlenstoff und arbeiten dadurch der Versauerung entgegen.

106

Nicht ohne Grund lernen sie die Kinder Tenebrios als Staubsauger und Müllabfuhren des Ozeans kennen. Ihre Rolle am Meeresboden ist vergleichbar mit der von Regenwürmern im Garten oder Ringelwürmern im Wattenmeer.[251] Doch so nützlich sie sind, so heikel ist ihre Kultivierung: Seegurken sind Sexmuffel. Wer glaubt, man brauche ein Gehirn, um kompliziert bei der Wahl seines Sexpartners zu sein, soll mal versuchen, eine Seegurke anzutörnen. Die Spionin trumpft mit ihren bizarren Unterwassersex-Erkundungen groß auf. Einzig die Braune Seegurke *Isostichopus fuscus* orientiere sich am Mondzyklus und laiche deshalb jeden Monat zur selben Zeit ab. Alle anderen Arten müsse man zur Paarung zwingen. Immerhin könne man sie durch Zugabe von Futter »anheizen«. Für die Stachelseegurke müsse man sich allerdings etwas anderes einfallen lassen. Für sie gilt: »Je härter, desto besser. Sie braucht Temperaturschocks, Wasserentzug und eine heftige Dröhnung Salzwasser aus einem Wasserschlauch«, weiß die Kundschafterin zu berichten.[252]

An dieser Stelle wird es der Moderatorin zu bunt. Genug Tierporno für heute, meint sie und beschließt mit diesen Worten das Vormittagsprogramm. Passend zum Tagesthema bietet das Buffet heute vor allem Fleisch von Wirbellosen. Neben Quallensnacks und Insektenburgern gibt es für experimentierfreudige Feinschmecker:innen auch Seegurken-Schnitzel.

Die Schlüsselindustrien Tenebrios

Nach dem Mittagessen werden wieder Filmaufnahmen eingespielt, um die Verdauungsmüdigkeit zu überbrücken. Gezeigt werden eindrückliche vertikale Farmen, in denen Tenebrio seine Insekten züchtet. Sie sind auf Flößen und in Hochhäusern untergebracht, denen Stararchitekt:innen aus aller Welt ein besonderes Aussehen verliehen haben. Einige der Stadtfarmen sehen aus wie riesige Würmer, andere schimmern bunt wie Käfer. Zusammen bilden die urbanen Farmen die ausgesprochen selfietaugliche Skyline Tenebrios.

Natürlich ist die Architektur Symbolpolitik, meint die Spionin. Um das Ernährungssystem von den Nutztieren zu entkoppeln, ist das Prozessdesign in den Farmen viel wichtiger. Tenebrio setzt für seine Insektenproteine auf effiziente Lieferketten. Um sich vom Ei zur Käferlarve in der gewünschten Größe zu verwandeln, benötigt der Buffalowurm lediglich vier Wochen.[253] Die Zuchtkästen, in denen die Larven schnell heranwachsen, stapelt man viele Meter hoch, was den Platzbedarf reduziert. Weil die Bäuer:innen weder Kraftfutter noch Hormone noch Antibiotika einsetzen, steigt die Nachhaltigkeit zusätzlich. Die Würmer sind anspruchslos, man kann sie ausschließlich mit Abfällen füttern.

Bauernhöfe der Zukunft

Wie auf den Stadtfarmen Chlorellas und auf den High Tech Islands war von den Manager:innen Tenebrios die unternehmerische Fähigkeit gefragt, binnen kürzester Zeit gewaltige Infrastrukturen bereitzustellen. Zunächst stellten die Einwohner:innen ihre Ernährung nur zögerlich um, aber dann wurden sie schnell ungeduldig. Grund dafür waren zunächst die Haustiere. Man wollte endlich wieder einen Hund spazieren führen und neben einer Katze einschlafen. Dieses Momentum wollten die Start-ups nutzen. Lieferengpässe sollten ihren Erfolg nicht gefährden. Die Spion:innen sind stolz, den Kongressteilnehmer:innen eine weitere Erkenntnis zu präsentieren: Viele der Stadtbäuer:innen sind Roboter. Mithilfe von Vollautomatisierung sei es problemlos möglich, die nötigen Mengen zu liefern. Anders als eine Kuh lassen sich Insekten ohne Menschen bewirtschaften, sogar das Töten und Verarbeiten zum menschentauglichen Nahrungsmittel übernehmen die Roboter. Für Tenebrio hieß dies, dass es in seine Robotik- und Automatisierungskompetenz investieren musste. Die Hightech-Farmen produzieren vollautomatisiert und rund um die Uhr.[254]

Die neolandwirtschaftliche Infrastruktur Tenebrios umfasst außerdem Aquaponik-Anlagen, wo gleichzeitig Wasserpflanzen und -tiere gezüchtet werden. Hier ist alles aufeinander abgestimmt. Die Larven der Soldatenfliege werden an Fische verfüttert, das Abwasser der Aquarien nutzt man, um Pflanzen zu düngen, mit den Abfällen mästen die Wasserbäuer:innen die Soldatenfliegen.[255] Die Aquakulturen mit ihren geschlossenen Kreisläufen umschreibt ein Experte als anspruchsvollen »Zehnkampf« des städtischen Bauernhofs. Zu den Disziplinen zählen »Biologie (Pflanzenwachstum optimieren), Physik (Licht und Atmosphäre erzeugen und konstant halten), Automatisierung (maschinell säen, pflegen und ernten), Betriebswirtschaftslehre (Herstellung von Produkten mit konkurrenzfähiger Kostenstruktur) sowie Marketing (Konsument:innen von Gemüse überzeugen, das nie an der Sonne war)«.[256]

Die Aquaponik-Farmer:innen brauchen erstklassige Hardware: hochwertige Aquarien, Sauerstoffanlagen und Reinigungsanlagen. Man achtet sehr auf tierfreundliche Zucht, weil man das Wesen der Insekten und Muscheln immer noch nicht ganz versteht. So haben die Aquarien riesige Ausmaße, bei kaum einem ist die Grundfläche kleiner als ein Hektar. Man bohrt auch keine Löcher mehr in Jakobsmuscheln, um diese einfacher füttern zu können. Stattdessen werden sie in riesigen Käfigen im offenen Meer gehalten.[257] Ferner umfasst die Aquaponik-Kompetenz Software- und Prozesswissen, zum Beispiel über Entsorgungs- beziehungsweise Upcyclingprozesse. Sämtliche Anlagen werden rund um die Uhr von künstlicher Intelligenz überwacht, die in die Fütterung, Entsorgung und Verarbeitung eingreift, falls sich Störungen ergeben oder die Marktdaten zeigen, dass sich die Einkaufs- und Konsumgewohnheiten verändern. Auch auf der Ebene der Daten hat man es letztlich mit geschlossenen Kreisläufen zu tun. Die Datenkreisläufe der vertikalen Farmen und Aquaponik-Anlagen sind direkt mit dem Einzelhandel verbunden.

Fooddesigner:innen verbessern das Insektenimage

Schließlich wäre der Aufstieg Tenebrios nicht ohne Institutionen möglich gewesen, die das Wissen über die Pflanzen-Tier-Kulturen vertiefen, vernetzen und weitergeben. Wie in den anderen Städten Veganias mussten die Einwohner:innen von neuen Nahrungsmitteln überzeugt werden. Selbst wenn man die Insekten – zum Beispiel in Burgern – nicht mehr erkennen kann, schaudert es die meisten Menschen, wenn sie welche essen sollen. Larven verbindet man eher mit Abfall, Tod und Exkrementen als mit hochwertiger Ernährung oder Kulinarik. In Karnivoria gibt die Hälfte der Bevölkerung an, aufgrund von Ekelgefühlen keine Insekten essen zu wollen. Nur drei Prozent begründen ihre ablehnende Haltung mit geschmacklichen Bedenken.[258]

Wenn man rational denke, mache es wenig Sinn, die Insekten anders zu behandeln als schwimmende Gliederfüßer wie Garnelen. Letztere gelten als Delikatessen, obwohl sie kaum schöner als Insekten sind. Um das Problem zu lösen, engagierte Tenebrio Fooddesigner:innen, die neue Nahrungsmittel kreierten. Man ging genauso vor, wie man es seinerzeit bei der Markteinführung von Burger, Kebab und Sushi tat. Interessant sei übrigens die Geschichte der weißen Schokolade, meint der Spion mit Schweizer Akzent. Sie gehe auf den Überschuss an Milchpulver zurück, der bei Nestlé durch die Produktion für die Soldaten im Ersten Weltkrieg entstanden sei. Warum nicht Insektenpralinen, oder Insektenbrot, -granola, -teigwaren? Man müsse ja nicht groß drauf schreiben, dass die Basis der Produkte Insekten sei. Entscheidend sei vor allem ein auffälliges Branding, das die Käufer:innen motiviere, etwas Gutes für sich und die Umwelt zu tun.

Fragen für das Ethik-Institut

Anders als auf Chlorella und den Islands ist auf Tenebrio umstritten, ob man wirklich Teil der veganen Revolution ist. Kann sich die Stadt nutztierfrei nennen, obwohl sie tonnenweise Muscheln, Quallen und Insekten isst?

Trotz intensiver Forschung ist nach wie vor ungeklärt, ob Insekten und Quallen Schmerz empfinden oder nicht. Was bedeutet es, wenn Tiere zwar kein zentrales Nervensystem haben, aber durch ihre Sinneszellen sehr wohl auf äußere Einflüsse reagieren können? Die Spionin wiederholt: Für die Zukunft und die Legitimation Tenebrios ist es zwingend geboten, dass die Wissenschaft der Frage nachgeht, ob Quallen, Insekten und Muscheln Empfindungen und womöglich sogar ein Bewusstsein haben oder nicht. Sie spielt eine Interviewsequenz mit einer führenden Forscherin aus Vegania ein. »Die meisten Wissenschaftler gehen davon aus, dass das fehlende zentrale Nervensystem das Schmerzempfinden, das wir selbst kennen und das wir auch bei anderen Säugetieren beobachten, unmöglich macht.«[259] Sie könne jedoch nicht abstreiten, dass Insekten eine Art Empfindungsvermögen haben. Man müsse ihre kognitiven und sensitiven Kapazitäten intensiver untersuchen, um belastbare Schlüsse ziehen zu können. Für die Insel stellen sich viele weitere ethische Fragen. Was berechtigt Tenebrio, darüber zu urteilen, ob eine Qualle, ein Tiger, ein Schwein oder ein Mensch das wertvollste Tier ist? Was überhaupt ist Intelligenz und welche Formen der Intelligenz können Menschen gar nicht erkennen? Und wie geht man damit um, dass das Insektenindividuum zwar dumm ist, die Insektengruppe aber eine kollektive Intelligenz hat und in komplexen Staatengebilden mit Komplotten und Königinnenmorden lebt?[260] All diese Fragen illustrieren, wie wichtig die normativen Diskussionen für die Stadt sind und weshalb Tenebrio als die am stärksten politisierte Stadt der Union gilt. In allen Universitäten bildeten sich Institute, die diese ethischen Fragen interdisziplinär diskutieren.

Um mit den Diskussionen nicht nur Intellektuelle zu erreichen, setzt man auf öffentliche Veranstaltungen und auf Medienformate, die eine breite Bevölkerung ansprechen, zum Beispiel auf Podcasts oder kurze witzige Videos. Man ist in Videospielen präsent, in TV-Serien, in Augmented-Reality-Formaten. Wichtiger als eine Meinung vorzugeben, ist es der Regierung, die Vor- und Nachteile verschiedener Ernährungssysteme zu beleuchten und eine positive Diskussionskultur zu etablieren, die von Fakten und gegenseitigem Respekt geprägt ist. Mit der Bevölkerung in Dialog zu treten, sollte für Karnivoria beim Abschied von den Nutztieren selbstverständlich sein, ergänzt die Spionin.

Wer die Ernährung ändern wolle, müsse zudem bei der Bildung ansetzen. Die Ernährungswende beginne »in unseren Köpfen und nicht in unseren Töpfen«.[261] Wer darüber nachdenke, wie tierungerecht und umweltschädlich seine Ernährung sei, dem falle es leichter, diese zu ändern. Zur Ernährungsbildung gehörten philosophische, ja anthropologische Fragen, betont die Spionin. Sie zitiert den bekannten Essensphilosophen Harald Lemke, der schon vor dreißig Jahren Fragen aufgeworfen hat, an denen heute niemand mehr vorbeikommt. Die Menschheit müsse sich fragen, was sie auf diesem Planeten wolle. Es sei Zeit, mit den knappen Ressourcen intelligenter umzugehen. Beim Essen sollten wir uns mehr Zeit nehmen, für den Einkauf ebenso wie für die Zubereitung. Wir sollten bewusster essen, regionale und saisonale Lebensmittel einkaufen und die Tischgesellschaft genießen. [262]

Kritische Fragen an Tenebrio

Nachdem die letzte Spionin berichtet hat, wird die Runde wieder fürs Publikum geöffnet. Im Saal wird heftig getuschelt, viele Zuhörer:innen möchten eine Frage stellen.

Fragen zur Tiergerechtigkeit

Zuerst meldet sich der Landwirtschaftsminister. Hämisch bemerkt er, es sei doch absurd, wenn ein veganer Staat Tiere in einem Umfang halte, den sich nicht einmal Karnivoria erlaube. Grauenhaft finde er es, Milliarden von Insekten in künstlichen Habitaten, in dunklen Kellern ohne Tageslicht aufzuziehen und dann kaltherzig umzubringen. Es sei viel tiergerechter, ein paar Kühe und Schafe friedlich draußen weiden zu lassen.

Die Spionin, welche die Lebensbedingungen der Nutzinsekten erkundete, hält entschieden dagegen. Es sei zwar richtig, dass Tenebrio viel mehr Tiere als Karnivoria töte. Trotzdem sei die Nutztierkultur Tenebrios tierfreundlicher. Man könne weder den Platzbedarf noch den freien Willen einer Larve mit den Bedürfnissen einer Kuh oder eines Schweins vergleichen, nicht mit deren Individualität, deren Spieltrieb, deren Sozialverhalten. Ob das Publikum schon einmal eine junge Kuh voller Freude auf einer Wiese habe herumtollen sehen? Ein Schwein vergnügt im Dreck wühlen? Ein Huhn im Garten nach reifen Trauben springen? Diese Tiere seien in kleinen Gehegen unglücklich, die Insekten auf Tenebrio aber würden sehr wohl in artgerechter Massentierhaltung aufgezogen. Sie hätten es »dunkel, wuselig und eng«, genauso wie sie es mögen.[263]

Sogar die Tötung sei tierfreundlich, es komme einem friedlichen, unbemerkten Einschlafen gleich. Insekten sind wechselwarme Tiere, welche die Außentemperatur als Körpertemperatur annehmen. Wenn die Temperatur zu niedrig wird, verfallen sie einer Art Winterstarre. Alle Funktionen des Organismus werden abgeschaltet. Wenn die Tiere gesäubert und gefriergetrocknet werden, befinden sie sich stets im Tiefschlaf.[264] Egal, welche Art von Empfindung der Buffalowurm habe, das Herunterkühlen sei viel weniger grausam als Bolzenschüsse und Stromschläge.

Wo bleiben die Krebse, Schnecken und Garnelen?

Weil die Spionin im Sprechen merkt, dass sie im Vortrag einiges vergessen hat, führt sie weiter aus. Wichtig sei zu betonen, dass Tenebrio Hummer, Krebse und Kraken explizit von den »niederen Tieren« ausschließe.[265]

Die Schnecken würde man ebenso in Ruhe lassen wie die Oktopusse, denen die Forschung eine hohe Intelligenz zuspricht und die deshalb für Vegania nicht als Nutztiere infrage kommen. Auf letztere hatte es in Karnivoria Anfang des 21. Jahrhunderts eine Massenjagd mit verheerenden Folgen gegeben. Die Bestände nahmen stark ab, weshalb man die Zucht forcierte. Doch für Oktopusse ist ein Leben im Aquarium fürchterlich, die Tiere sind ebenso intelligent wie verspielt. Schnecken wiederum hätte man aus ökologischen Gründen ausgeschlossen. Die Aufzucht ist wasser- und ressourcenintensiv, in Bezug auf die Verdauungseffizienz gleiche sie jener des Huhns. Schneckennahrung bestehe aus einem »hochangereicherten Futtermix« aus Soja und Mais, was eher an das monokulturelle Ernährungssystem Karnivorias erinnere als an die Stadtlandwirtschaft Veganias.[266]

Eine aufmerksame Zuhörerin möchte wissen, warum Tenebrio keine Garnelen serviere. Diese wären doch prädestiniert für die Aufzucht in Aquaponik-Anlagen. Die Spion:innen antworten, das hätte mehrere Gründe. Zwar gebe es tatsächlich interessante ökologische Ansätze in der Garnelenzucht – wie zum Beispiel Kulturanlagen, die sich an natürlichen Kreisläufen orientieren oder mit denen Mangrovenwälder aufgeforstet werden. Ein unlösbares Problem für Vegania sei aber das Schmerzempfinden der Garnelen.[267] Außerdem seien die Tiere ziemlich gefräßig, was zu einem Effizienz- beziehungsweise Nachhaltigkeitsproblem führe. Für die Herstellung eines Kilos Penaeus-Garnelen brauche man 1,6 bis 3,2 Kilo Futter.[268]

Das Problem mit dem Ekel

Wie nach den Vorträgen über die High Tech Islands möchte das Publikum wissen, wie es der Insel gelungen sei, die Menschen von einer anderen Ernährung zu überzeugen. Die Referent:innen gehen noch einmal auf die Bedeutung von Bildung und volksnaher, transparenter Forschung ein. Zudem habe man wie auf Chlorella seine alternativen Proteine zunächst in der Form etablierter Lebensmittel serviert, zum Beispiel als Burger oder Riegel. Der Ekelfaktor sei am besten auszuschalten, indem man die Proteine der Insekten extrahiere und dann Lebensmitteln mit geringerem Gehalt zufüge.[269] Schnelle Akzeptanz habe man mit Cookies erzielt oder mit Smoothies, in denen starke Geschmacksträger wie Erdbeeren oder Schokolade dominieren.

Die Spionin meint mit einem Lächeln, man müsse den Konsument:innen ja nicht immer unter die Nase reiben, welche Stoffe ein Produkt enthalte. In einer Bäckerei Karnivorias wisse man schließlich auch nicht immer, ob im Blätterteig oder in den Croissants das Fett geschlachteter Schweine verarbeitet sei. Die Spionin erinnert weiter an den Imagegewinn der Insekten durch den Einsatz als Tierfutter. Zum einen könnte man mit Insekten Haustiere füttern – und falls das in Zukunft überhaupt noch relevant sei – Nutztiere und -fische. Statt mit Soja könne man die Hühner, die als Nutztiere aus ökologischen und gesundheitlichen Gründen die größte Zukunft hätten, mit Mehlwürmern versorgen.[270] Und nicht zuletzt gebe es in Tenebrio sowieso viele Menschen, die keine Insekten essen und wie in Chlorella pflanzenbasiert leben.

Daran anknüpfend möchte die Nachhaltigkeitsministerin Karnivorias wissen, wie ökologisch die Insektenzukunft ist. Die Antwort fällt wie bei den Islands eindeutig aus. Verglichen mit der Fleischproduktion durch Rinder sei die Bilanz überwältigend. Insektenkulturen würden 100-mal weniger Treibhausgase als Rinder ausstoßen.[271] Sie bräuchten viel weniger Fläche, 50-mal weniger Wasser und könnten problemlos in Gebäuden, Kellern und ungenutzten Räumen gehalten werden. Sie seien viel effizientere Bioreaktoren als Kühe.[272] Weiter würde Tenebrio anders als Karnivoria keine Nahrungsmittel für sie importieren und könne sogar ihre Abfälle verfüttern. Das sei ein gewaltiger Unterschied zu den klassischen Nutztieren. Beim Rind würden 60 Prozent des geschlachteten Körpers weggeworfen, bei Hühnern seien es 45, bei Grillen aber nur 20 Prozent.[273]

Gewänder aus Spinnen- und Muschelgarn

Die Wirtschaftsministerin meldet sich zu Wort. Grundsätzlich würden sie die Ausführungen überzeugen. Ein Thema, das die Spion:innen aber bisher mit Ausnahme der Dünger ausgeklammert hätten, seien die Nebenprodukte. Die kultivierten Tiere seien Winzlinge. Ob die Spion:innen wirklich alle Nebenprodukte erwähnt hätten, und falls nicht, wie die Insel zum Beispiel den Bedarf an Materialien für Kleidungsstücke abdecke?

Tatsächlich haben die Agent:innen das Thema Abfall- und Nebenprodukte in ihrem Vortrag nur gestreift. Dabei gebe es, wie sie gerne zugeben, viel zu berichten. So nutze die Stadt zum Beispiel in der Bauwirtschaft die Gehäuse der Jakobsmuscheln. Man stelle daraus Mörtel und eine Art Zement her. Dieser »Seastone« erziele zwar nicht die Festigkeit von Beton, weil man die Muschelschalen zwecks CO_2-Reduktion weniger aufheize. Doch als Plastikersatz oder in Kombination mit Recyclingbeton oder mit Holz sei er durchaus wertvoll. Die Nutzung dieser Nebenprodukte könne auch für Karnivoria ein ökologischer Quick Win sein, würden doch jährlich tonnenweise Muschelschalen ungenutzt auf Deponien landen.[274] Die Fragestellerin gibt sich noch nicht zufrieden. Sie will wissen, was eigentlich mit den Kleidern sei. Ob man auf Tenebrio – und übrigens auch auf den Islands – nackt herumlaufe oder illegal Wolle und Leder aus Karnivoria einführe?

Zum ersten Mal müssen die Spion:innen einräumen, dass es hier tatsächlich ein Manko gibt: Eine Insel könne mit ihren Technologien und Industrien nicht alle tierischen Rohstoffe ersetzen. Dafür stelle Tenebrio unglaublich edle Textilien her, die in ganz Vegania begehrt seien. Die Kameras schwenken auf die Gewänder des Moderationsteams. Das Kleid sei aus Spinnengarn, der Anzug aus Muschelgarn gefertigt.[275] Byssus, das goldene Muschelgarn, sei ein Retro-Luxus. Karnivoria kenne es nicht mehr, doch die Tradition reiche bis zu den ersten Päpsten zurück. Der hohe Preis erkläre sich aus dem aufwendigen Herstellungsprozess, für ein Kilogramm Seide benötige man 4000 Muscheln.[276] Auf Sardinien habe man Byssus noch bis in die 1940er Jahre aus den Haftfäden gewonnen, mit denen sich die bis zu 120 Zentimeter große Edle Steckmuschel am Meeresboden verankere.

Doch in der zweiten Hälfte des 20. Jahrhunderts sei die Nachfrage eingebrochen, gleichzeitig habe die Muschel unter der Schleppnetzfischerei, der Verschmutzung und dem Klimawandel gelitten. Tenebrio sei stolz, die alten Traditionen wiederbelebt zu haben und mit einem so kostbaren Material handeln zu können.

Ein Lob auf den Handel

Um weitere Kritik zu unterbinden, holt das Team der Spion:innen zu ergänzenden Erklärungen aus. Dass Tenebrio nicht autark funktioniere und nicht alle tierischen Produkte ersetzen könne, sei indes alles andere als ein Weltuntergang. Es sei auf der Konferenz bisher zu Unrecht der Eindruck entstanden, jede Insel würde sich komplett selbst versorgen. Tatsächlich gebe es in der Union jedoch nicht nur einen intensiven Wissensaustausch, der durch die Forschungseinrichtungen und die Medien institutionalisiert sei. Sondern es bestünden zwischen den Inseln auch rege Handelsbeziehungen. Mehrmals täglich verkehrten Elektroschiffe zwischen den Metropolen, um deren Produkte in Umlauf zu bringen.

Diese Ausführungen scheinen das Publikum zu beruhigen. Viele glaubten, Vegania sei eine totalitäre linke Planwirtschaft, in der einzig der Staat bestimme, was man anziehe und was man esse. Doch die Spion:innen können den Anhänger:innen der freien Marktwirtschaft

116

versichern, dass es in Vegania durchaus kapitalistisch zugeht. Das Unternehmertum sei ein Wert, den man auf allen Inseln hoch schätze. Entsprechend gut gelaunt gehen die liberal Gesinnten zum Abendessen und freuen sich auf den vorletzten Kongresstag, an dem die Zirkula-Vision im Vordergrund stehen wird. Gerüchte besagen, dass es in Zirkula sogar möglich ist, ganz normales Fleisch zu essen.

Tag 5: Zirkula

Die Zirkula-Vision

Den freizügigsten Umgang mit Nutzieren pflegt Zirkula. Es ist der ländlichste der Inselstaaten, der sich, abgesetzt im Meer, weit weg von den urbanen Zentren Veganias befindet.

Tatsächlich kann man hier konventionelles Fleisch genießen – allerdings unter drei streng kontrollierten Voraussetzungen. Erstens darf ein Tier nur dann gegessen werden, wenn es eines natürlichen Todes gestorben ist. Zweitens hat Zirkula strenge Richtlinien für die Haltung von Nutztieren erlassen. Pro Mensch und Hektar sind nur wenige Tiere erlaubt. Drittens lehnt sich das gesamte Design des Ernährungssystems konsequent an die Kreislaufwirtschaft an.

Wie noch im 19. Jahrhundert essen Zirkulaner:innen das ganze Tier. Neue Zubereitungsformen und Rezepte waren nicht nur gefragt, um sämtliche Körperteile von Fuß bis Herz zu verwerten, sondern auch, weil die verkochten Tiere viel älter als in Karnivoria sind. Es gibt weder Masthennen, die nach 30 Tagen gegessen werden, noch Kalbfleisch. Die radikalen Bürger:innen Zirkulas gehen noch einen Schritt weiter und nutzen sämtliche Rohstoffe, die der menschliche Körper zur Verfügung stellt: Urin, Haare, Zähne und Knochen.

Fleisch zu essen ist deutlich teurer als in Karnivoria. Die gehaltenen Tiere sollen ein langes und artgerechtes Leben führen, was entsprechende Investitionen und Unterhaltskosten bedingt. Wie vor der Industrialisierung ist Fleisch wieder ein Luxusgut. Durchschnittliche Zirkulaner:innen essen einmal pro Monat Fleisch, Milchprodukte stehen einmal pro Woche auf dem Speiseplan. Gehalten werden vor allem Hühner, weil sie im Gegensatz zu anderen Nutztieren wenig Platz brauchen, weniger CO_2 ausstoßen und man sie aufgrund ihrer kleineren Körpergröße selbst in der Stadt unkompliziert halten kann.

Damit die Bäuer:innen genügend Geld für die Aufzucht ihrer wenigen Tiere haben, etablierten sich neue Vertriebskanäle und Geschäftsmodelle. Im Unterschied zu Karnivoria dominiert der über das Internet abgewickelte Direktvertrieb, der Einzelhandel hat an Bedeutung verloren. Viele Bürger:innen beteiligen sich an einer Ernährungsgenossenschaft.

Die Ernährung auf Zirkula

Der karnivorische Kongress nähert sich seinem Ende. Gespannt erwarten die Teilnehmer:innen den letzten Tag. Sie freuen sich, heute endlich die Insel kennenzulernen, deren Lebensart ihrer eigenen am nächsten kommt: Zirkula.

Fleisch ohne Massentierhaltung

Massentierhaltung kennt die Stadt nicht. Der Verzicht auf die industrielle Nutztierhaltung hat ethische, ökologische und gesundheitiche Gründe. Gemäß den Empfehlungen der Wissenschaft sollte ein Mensch pro Tag nicht mehr als 90 Gramm tierischer Proteine konsumieren, aus ökologischen Gründen sollte maximal die Hälfte davon von Wiederkäuern stammen.[277]

Der Spion, der den fünften Kongresstag eröffnet, erinnert sich an die Vergangenheit. Die minimalistische Nutztierkultur Zirkulas steht ganz im Gegensatz zu den gigantischen Schweinehochhäusern Karnivorias. In den 2020er Jahren baute China 26-stöckige Farmen, in denen pro Jahr 1,2 Millionen Schweine den Tod fanden. Heute sind die Zuchttürme noch höher.[278] Der Agent zeigt einen Film, in dem ein Arbeiter einer Hochhausschlachterei zu Wort kommt, die einer streng bewachten Gated Community gleichkommt. »Ja, man kann es zum Beispiel mit der Arbeit auf einer Ölplattform vergleichen.« Aus Gründen der Hygiene, Tiergesundheit und professioneller Produktionsabläufe leben die Mitarbeiter:innen auf dem Betriebsgelände. »Dort stehen uns Schlafunterkünfte, Kantine, Sporteinrichtungen, Kino und ähnliches zur Verfügung.«[279]

Solche Schweinehochhäuser sind Brutstätten für Krankheiten. Böse Keime verbreiten sich hier rasend schnell. Standen sie am Anfang der

Tötung von Millionen von Nutztieren? Bei der asiatischen Schweinepestpandemie Ende der 2010er Jahre ging die Welternährungsorganisation FAO davon aus, dass rund sechs Millionen Schweine notgeschlachtet wurden, 1,3 Millionen in China und 4,7 Millionen in Vietnam. Die Dunkelziffer könnte viel höher gewesen sein. Der *Economist* schätzte die Zahl der toten Schweine auf bis zu 60 Millionen – allein in China. In der Krise aktivierte die Regierung den Notfallplan und rationierte das Schweinefleisch. Sie deckelte die Preise und gab tiefgefrorene »strategische Schweinefleischreserven« frei.[280] Hatten die chinesischen Politiker:innen Angst, ihre Bürger:innen würden durchdrehen, wenn sie kein Fleisch erhielten? Mit dieser rhetorischen Frage beendet der Referent seinen kurzen Rückblick. Er wolle sich nicht länger mit der Vergangenheit aufhalten, meint er. Die Beschäftigung mit der Gegenwart Veganias sei viel spannender.

Auf Zirkula trifft man auf alle Nutztiere, die Karnivoria intensiv hält. Kühe, Esel, Pferde und Schafe sieht man allerdings kaum. Große Nutztiere und Wiederkäuer haben in der Stadt wegen ihres hohen MethanAusstoßes und ihrer schlechten Energieeffizienz einen schlechten Ruf. Verbreiteter sind Schweine und Kaninchen. Kühe ersetzt Zirkula durch Kamele, die besser mit Trockenheit umgehen können und ebenfalls Milch geben. In arabischen Ländern gilt ihr Fleisch schon lange als Delikatesse.[281] Wichtiger als der Ertrag der Nutztiere ist, wie eine bestimmte Art eines Nutztiers aussieht (zum Beispiel gibt es viele verschiedene wunderschöne Hühner), was sie zur Steigerung der Biodiversität beiträgt und ob sie sich für Landschaftsschutz und für die Haltung in der Stadt eignet. Schafe und Co. werden nicht als ökonomische Objekte betrachtet. Der respektvolle Umgang mit dem Vieh hat für die Bäuer:innen einen viel höheren Stellenwert als das Streben nach Effizienz und immer größeren Gewinnmargen. Weil viel weniger Tiere gehalten werden als in Karnivoria, ist die verfügbare Bodenfläche pro Tier 100-mal größer.

Bei der psychischen Gesundheit erzielt Zirkula unter allen Inseln Veganias die besten Werte. Zu verdanken ist das unter anderem dem Umstand, dass das Zusammenleben mit Tieren die Einsamkeit lindert und das Einüben von sozialen Kompetenzen erlaubt. Alle gehaltenen Tiere verbringen das ganze Jahr im Freien. Sie erleben den Wandel der Jahreszeiten und finden in ihren Gehegen Verstecke, um sich den Menschen und nervigen Artgenossen zu entziehen. Die Tiere versteht man als Gefährten, deren Bedürfnisse genauso viel zählen wie die der Menschen. Sie erreichen ein hohes Lebensalter und werden nicht schon in ihrer Kindheit zu Fleisch verarbeitet. Kühe können 25 Jahre, Schweine 20 und Hühner 10 Jahre alt werden. Zu ihren neuen Freiheiten gehört, dass man sie nicht künstlich befruchtet. Aus diesem Grund sind Ziegen sehr beliebt. Sie geben ohne Schwangerschaft Milch und stoßen deutlich weniger Treibhausgase aus als Kühe.[282] Ernährt werden sie wie die selten gehaltenen Kühe gemäß den neusten wissenschaftlichen Erkenntnissen der High Tech Islands so, dass ihre klimaschädlichen Ausstöße minimiert werden, zum Beispiel mit Algen aus Chlorella.

Selbstverständlich hält Zirkula viele Vögel: Laufenten, Strauße, Hühner und lustig tanzende Emus, wobei jedem Bewohner und jeder Bewohnerin nur wenige Tiere zugestanden werden. Bei den Hühnern wurde das Maximum bei fünf Hennen und einem Hahn beziehungsweise maximal zwanzig Hühnern pro Gehege festgelegt. Um die Bestände zu erhalten, lässt Zirkula die Hühner eine kleine Zahl von Eiern ausbrüten. Auch das Geschlechterverhältnis stimmt, weil Zirkula mit den Technologien der Islands eine präzise Geburtenkontrolle garantiert. Man kann die genau benötigte Anzahl Hähne ausbrüten, die Ruhe in die Herden bringen. In Vegania wird kein Tier getötet, weil es das falsche Geschlecht hat. In den Stadthöfen trifft man auf bunte Herden mit diversen Rassen, mit Orpington, Cream Legbar, Appenzeller Spitzhauben und schwedischen Blumenhühnern. Ihre Körper sind nicht auf maximalen Ertrag getrimmt, ihre Charaktere variieren von scheu bis frech, ihre Eier schimmern in unterschiedlichen Formen und Farben. Sie tragen Namen, dürfen Freundschaften entwickeln.[283]

Passend zu den Ausführungen lässt der Spion fünf Meter hohe Hühnerhologramme durch das Publikum laufen. Unter ihnen befinden sich ein paar Vögel, die mit ihrem ausgefallenen Federkleid einen traurigen Eindruck machen. Aber der Spion beruhigt. Für Karnivorier:innen mag dies ein ungewohnter Anblick sein. Sie denken, die Hühner seien sterbenskrank, dabei bereiten sie sich lediglich auf die nächste Lebensphase vor. In Karnivoria erlebt kein industrielles Huhn diesen Wandel. Der Federwechsel ist so anstrengend, dass die Tiere keine Energie mehr haben, um Eier zu legen. Nach zwei Jahren hören viele Rassen nach und nach auf zu legen, was sie aus Sicht der Eierproduktion unnütz macht. In Zirkula dürfen die Vögel aber weiterleben.

Allerdings brauchen die Einwohner:innen Zirkulas auch viel weniger Eier als die Karnivorier:innen. Die Rezepte von Kuchen und Saucen wurden angepasst. Häufig werden die Eier ganz weggelassen und durch Chia-Samen oder Äpfel ersetzt. In der industriellen Verarbeitung kommen pflanzliche Ersatzprodukte als Emulgatoren zum Einsatz.

Luxusfleisch von alten Tieren

Eine Besonderheit Zirkulas ist das hohe Alter, in dem die Tiere zu Nahrungsmitteln für Menschen werden. Das Agententeam zeigt einen Einspieler mit der Betreiberin eines der wenigen Höfe, die Kühe halten. In Karnivoria hätten die Rinder höchstens 22 Monate Zeit, bevor sie geschlachtet werden. Aus gastronomischer Sicht sei dies absurd, denn sie beginnen erst ab dem 18. Monat, durch intramuskuläres Fett Geschmack einzulagern.[284] Auf Zirkula dürften die Jungtiere übrigens bei ihren Müttern bleiben und solange saugen, wie sie wollen.

Eine Region, in der Tiere schon lange spät geschlachtet werden, ist das Baskenland. Hier ist es für Bäuer:innen üblich, ihre Kühe lange leben zu lassen. Während in Karnivoria das Fleisch vom Jungbullen als Qualitätsfleisch gilt, ist es im nördlichen Spanien jenes von betagten Mutterkühen. Genannt wird die Spezialität »Txogitxu«, wobei der Name auf die Marke eines baskischen Premium-Produzenten zurückgeht.[285] Eine Spionin schwärmt: Das während hundert Tagen am Knochen gereifte Entrecote einer alten Kuh sei ein wahrer Gaumenschmaus. Um die Qualität auf die Teller zu bringen, musste Zirkula aber viel in die Fähigkeiten der Nahrungsmittelindustrie, der Köch:innen und Fleischer:innen investieren. Für die Geschmacksverbesserung nutzt man spezielle Verfahren, zum Beispiel mit Schimmelpilzen. Sie kommen auch bei Schweinefleisch zum Einsatz. Bei der Luma-Reife wird es bis zu 28 Tage am Knochen gelagert und kann so ein einzigartiges Aroma und Geschmackserlebnis ausbilden.[286]

Ebenfalls ausgeprägte handwerkliche Kompetenzen erfordert das Schlachten von reifem Fleisch. Die Aus- und Weiterbildung der Metzger:innen wird in der Stadt massiv gefördert. Sie müssen mit den gealterten Körpern der Tiere umgehen können. In ihrer Ausbildung lernen sie, wie man sie lagert, auf mögliche Krankheiten und Verunreinigungen untersucht und vor allem wie man sie richtig zerlegt. Wichtig sind sogenannte Special Cuts, erklärt die Spionin, die in Karnivoria weitgehend unbekannt sind. Mit diesen Techniken versucht man, interessante Stücke aus dem Fleisch der Tiere zu schneiden, damit vom Körper möglichst wenig in die sekundäre Nutzung überführt werden muss. Zu den Leckerbissen, die so gewonnen werden, zählen das Merlotsteak, das Flat Iron, das Hanging Tender und der Denvercut.[287]

Auch die Köch:innen sind gefordert. Das kulinarische Experiment setzt Erfahrung voraus, meint die Spionin. Werden die Gartemperaturen nur minimal überschritten, wird das Fleisch sofort zäh.[288] Einfach weiter kochen wie bisher konnten die Zirkulaner:innen deshalb nicht. Sie mussten in neue Kochbücher und Küchengeräte investieren, ihre Grill-, Gar- und Brattechniken überdenken. Beim Apéro werde sich das Publikum selbst davon überzeugen können, wie sich die Körper der alten Tiere hervorragend eignen, um Trockenfleisch herzustellen.[289]

Das Comeback des Suppenhuhns

Die vorgestellten Schweine- und Kuhspezialitäten sind elitäre Güter. Das gibt das Agententeam unumwunden zu. Die Durchschnittsbürger:innen Veganias bekommen sie höchstens zu Feiertagen oder durch Reste in Form von Würsten serviert. Relevanter sind aufgrund ihrer Ökologie, der Eignung zum Upcycling und der unkomplizierten Haltung die Hühner. Es sind Multi-Rohstofftiere, die Federn, Eier und Fleisch liefern, wie ein Spion erklärt.

Auf Zirkula feiert das Suppenhuhn ein fulminantes Comeback.[290] Alte Hühner werden nach ihrem Ableben nicht etwa verbrannt oder zu Biotreibstoff verarbeitet, sondern verkocht. Am besten gart man sie drei Stunden lang – und zwar mitsamt den Füßen, die der Brühe einen intensiveren Geschmack verleihen. Selbstverständlich, so der Referent, hätten die Kongressteilnehmer:innen in der Mittagspause Zeit, die Köstlichkeit ebenfalls zu testen. Das Publikum würde sofort verstehen, warum es sich lohne, die Hühner und Hähne lange leben zu lassen. In Karnivoria existiert nicht einmal die Infrastruktur, um die Körper von alten Hühnern zu verarbeiten.[291] Moderne Schlachtanlagen seien einzig konzipiert, um aufgepumpte Masthühner zu zerlegen. Im Hintergrund erscheint eine Infografik, die aufzeigt, wie Zirkula das ganze Huhn *nose to tail* verarbeitet. Selbst die Haut wirft man nicht weg, man stellt daraus Chips her.[292] Was Karnivoria mit seinen Hühnern betreibt, sei Foodwaste im perversen Ausmaß, kommentiert der Agent. Alleine in der Schweiz werden pro Jahr zwei Millionen Legehennen weggeworfen.[293] Das wäre in Vegania nicht nur aus ökonomischer Sicht undenkbar.

Verkauft werden die Suppenhühner von Quartierhöfen. Manche Zirkulaner:innen unterstützen die Hühnerherden monatlich mit einem Fixbeitrag und grüßen ihre Schützlinge beim Spazierengehen. Doch wenn der letzte Tag gekommen ist, bringen sie es nach Jahren der Freundschaft nicht übers Herz, »ihre Bertha« zu essen. Vielen fällt es leichter, ein unbekanntes Huhn aus dem Nachbarviertel zu bestellen, andere frieren ihr Patenhuhn ein paar Monate ein und essen es erst dann. Transparenz, Sorgfalt und Tierliebe werden von den Quartierläden ebenso garantiert wie von Wochenmärkten und Online-Supermärkten. Auf jeder Verpackung gibt ein QR-Code Aufschluss darüber, wo und wie ein Huhn gelebt hat. Dasselbe gilt für das Fleisch von Kaninchen oder Ziegen. Die Konsument:innen könnten sich stets die Videos der Stallungen, Weiden und Porträts der Halter:innen ansehen.

Zur Transparenz gehört die stetige Überprüfung der Gesundheit der Tiere. Zirkula hat erkannt, dass Labels das Tierwohl nicht unbedingt verbessern. Will man ihr Leid ernsthaft minimieren, ist ein ebenso flächendeckendes wie rigides Gesundheitsmonitoring nötig.[294] Gute Haltungsbedingungen reduzieren Krankheiten, die in den halbjährlichen

126

Kontrollen sofort auffallen. In Zirkula gibt es deshalb für jedes gehaltene Nutztier zweimal pro Jahr einen tiermedizinischen Check-up. Die Tiermedizin setzt sich zudem für die Forschung und das Design innovativer Ställe ein. Dazu gehöre der aktivitätsbasierte Stallbau mit verschiedenen Funktionsbereichen, mit getrennten Schlaf- und Futterzonen.[295] Bei der Fütterung setzt man auf Produkte aus Algen, Hülsenfrüchten und Insekten, um die ökologische Belastung möglichst gering zu halten. Dass all diese Maßnahmen die Preise für tierische Produkte in die Höhe treiben, versteht sich von selbst.

Neue Geschäftsmodelle für Nahrungsmittel

Auf Zirkula genießen die Menschen neben Eiern und Fleisch ein kleines Sortiment an Milchprodukten, darunter Käse, Joghurts, Eis und Butter. Die Preise der exklusiven Produkte sind hoch. Ein Stück Käse kostet sechsmal so viel wie in Karnivoria, Butter und Fleisch sind achtmal teurer. Unter dem Strich ist der Anteil der Ernährungsausgaben am Haushaltsbudget dreimal so hoch wie in Karnivoria. Der Preisunterschied rührt daher, dass die Herden wesentlich kleiner sind, die Skalierung weniger zum Tragen kommt und alle Umweltschäden in die Preise eingerechnet werden.

Zudem sind die höheren Preise nötig, um in einer Querfinanzierung all jenen Tieren eine Art Ruhestand zu ermöglichen, die auf einem Hof keinen wirtschaftlichen Zweck (mehr) haben – zum Beispiel ausgediente oder männliche Rinder. Tiere sollen nicht getötet werden, nur weil die Menschen wenig fürs Essen bezahlen wollen. Eigentlich wären noch höhere Preise nötig, doch innovative Bäuer:innen entwickelten Angebote, um die Preise für die Lebensmittel tief zu halten. Ein Hit ist das Cow Cuddling: Gestresste finden bei den Kühen ihre innere Mitte wieder. Die Agentin, die gerade das Wort hat, erklärt, die Anbieter würden häufig mit psychiatrischen Kliniken zusammenarbeiten, weil das Kuscheln einen positiven Effekt auf die Psyche habe. Ein neu entdeckter Kassenschlager sind Ferien auf dem Bauernhof. Topmanager:innen bezahlen dafür, die Hühnerställe auszumisten oder die Kaninchen zu unterhalten und so auf andere Gedanken zu kommen.

Gekauft werden Fleisch und Käse übrigens kaum noch im Supermarkt. Stattdessen gibt es Plattformen, wo man Anteile an Ziegen, Hühnern und Kamelen kaufen kann. Wenn die Ziege dann über die »Regenbogenbrücke« gegangen ist, wird man benachrichtigt. Gewiss, solche Modelle kennt Karnivoria schon lange. Ein erheblicher Unterschied besteht aber darin, dass die Tiere nicht schon im Jugendalter getötet werden, damit die Besitzer:innen schneller zu Fleisch und die Bäuer:innen zu Geld kommen. Außerdem ist die Beziehung zum Patentier eine ganz andere. Auf Karnivoria wünschen sich die Menschen kein allzu enges Verhältnis und sind glücklich, wenn das quicklebendige Tier rasch zu Fleisch wird. In Zirkula dagegen besuchen die Pat:innen ihre Tiere und trauern, wenn die letzten Tage im Leben eines Schafes oder Kaninchens gekommen sind.

Andere Zukünfte Zirkulas

Nach einem kleinen Imbiss mit Rührei und Käse aus Zirkula kehren die Teilnehmer:innen neugierig und gestärkt in den Plenarsaal der Goldenen Sau zurück. Es werde nun ebenso traurig wie amüsant und interessant, kündigt die Moderation an. Auf Zirkula esse man nicht nur Fleisch, das durch die langjährige Haltung von Nutztieren anfällt. Ebenso würden die Körper von Tieren verarbeitet, die unerlaubt einwandern oder durch Unfälle ihr Leben verlieren.

Kampf den Streunern und Invasiven

Zu den Spezialitäten der Inselküche gehört das Wild, das Elektroautos erfassen. Die Zahl der Tiere, die durch Unfälle getötet werden, ist allerdings begrenzt. Fleischfreund:innen sollen sich nicht zu früh freuen. Weil Zirkula gemäß den Gesetzen der 15-Minuten-Stadt errichtet wurde, verkehren in Zirkula ziemlich wenig Autos, die darüber hinaus von den Einwohner:innen gemeinsam in Sharing-Konzepten genutzt werden. Das reduzierte Verkehrsaufkommen wiederum begünstigt die Vermehrung von Wild, Füchsen und Dachsen, und so kommt es trotz der künstlichen Intelligenz in den selbstfahrenden Autos hin und wieder zum Zusammenstoß. Leider sei es auch so, dass der eine oder andere Mord bewusst verursacht werde, um an mehr Fleisch zu kommen. Die Körper der erfassten Tiere landen in der zentralen Verarbeitungsanlage, wo geprüft wird, was als Fleisch genutzt werden kann und wo lediglich die Felle, Hörner und Knochen in Umlauf kommen. Ebenfalls als Delikatesse serviert die Gastronomie Zirkulas Enten und Gänse, die sich trotz der Ansiedlung von Füchsen und Raubvögeln auf dem Areal von Flughäfen niederlassen und den Flugzeugen gefährlich werden. Flughäfen sind bemerkenswerte Ökosysteme, in denen sich seltene Vögel, Biber, Füchse und Wiesel niederlassen. Alle Tierfreund:innen müsse er nun schockieren, meint der Spion. Alleine die Jäger:innen des Amsterdamer Flughafens Schiphol schießen und ersticken jährlich 10 000 Gänse.[296] In Zürich-Kloten werden die Enten vom Wildhüter höchstpersönlich geräuchert. In Zirkula handeln die Flughäfen mit dem anfallenden Fleisch. Sämtliche Tiere, die für den Flugbetrieb aus dem Weg geräumt werden, verkauft Zirkula an Luxusrestaurants und Delikatessenläden.[297] Auch diese Raritäten könnten sich nicht alle leisten, gibt der Spion zu bedenken. Für die weniger Betuchten gebe es aber eine andere Lösung.

Sie profitieren vom Fleisch, das bei der Bekämpfung invasiver Arten anfällt. Die Wildhüter:innen Zirkulas haben kein schlechtes Gewissen, die in der Verteidigung ihrer Ökosysteme erlegten Tiere zu Nahrungsmitteln zu verarbeiten. Wie auf Tenebrio gibt es eine extensive Quallenindustrie. Zirkula geht noch einen Schritt weiter und bekämpft systematisch alle eingeschleppten Arten, ganz gleich, ob Wasser- oder Landtiere. Wenn sich gebietsfremde Arten in Zirkula massenhaft vermehren und die heimischen Ökosysteme bedrohen, werden sie konsequent bekämpft.

Das Problem der migrierenden Tiere sei nicht neu, habe sich jedoch durch den globalen Handel, die Wassertanks riesiger Schiffe und den Klimawandel deutlich verschärft. Auch aus einem Zoo entlaufene oder dem illegalen Handel von Haustieren entkommene Tiere, die sich in freier Wildbahn rasch vermehren, können zur Plage werden. Bereits 2018 wurden in Deutschland 46 Arten mit insgesamt 88 Unterarten als invasiv eingestuft. Einhalt gebieten muss man vor allem den Tieren, die sich in den Gewässern ausbreiten und von höheren Wassertemperaturen profitieren.[298] Ein beliebtes Nahrungsmittel Zirkulas sind deshalb Fische und Krebse, die man bei der Kontrolle der Flüsse und Meere erbeutet – zum Beispiel amerikanische Sumpfkrebse, Signal- und Kamberkrebse oder die großen chinesischen Wollhandkrabben.[299] Die Häfen der elektrifizierten Schnellboote mauserten sich zu ertragsreichen Unterwasserbauernhöfen. Sie funktionieren als »Bahnhof« invasiver Arten, die im Ballastwasser von Schiffen oder deren Rümpfen als »blinde Passagiere« mitreisen.[300]

Tab. 4 Auswahl invasiver Arten in Deutschland

Tier	Als invasiv eingestuft seit	Nahrungspotenzial für die Menschen
Südamerikanischer Nasenbär	August 2016	
Roter amerikanischer Sumpfkrebs	August 2016	hoch
Nördlicher Schlangenkopffisch	August 2022	hoch
Bisamratte	August 2017	
Muntjak	August 2016	hoch
Grauhörnchen	August 2016	
Buchstaben-Schmuckschildkröte	August 2016	
Chinesische Wollhandkrabbe	August 2016	hoch
Nilgans	August 2017	hoch

Auf den Projektionen im Bühnenhintergrund erscheinen weitere kuriose Fleischspezialitäten Zirkulas: Nilgänse, Bisamratten und Grauhörnchen. Eine Pionierrolle in der Verarbeitung der Invasiven habe schon vor Jahrzehnten London gespielt. In einem Einspieler berichtet die damalige Bürgermeisterin: »Sie stehlen Vogelfutter, schälen die Baumrinden in Gärten, stehlen Parkbesuchern ihre Snacks, wenn die nicht hinsehen.«[301] Weiter bedrohten sie – und das war wohl der wichtigste Grund der Bekämpfung, schiebt eine Spionin ein – die heimischen Eichhörnchen.»Auch 135 Jahre nach ihrer Einbürgerung tragen Grauhörnchen Krankheitserreger aus ihrer alten Heimat noch in sich. Sie selbst erkranken nicht, aber für Eichhörnchen ist vor allem das Squirrelpox-Virus lebensgefährlich.«[302] Die Köch:innen machen das Beste aus der Plage und überraschen ihre Gäste mit raffinierten proteinhaltigen Gerichten mit kaninchenähnlichem Geschmack.

Wertvolle Nebenprodukte

Es gehört zur Vision Zirkulas, die getöteten Tiere so umfassend wie möglich zu verwerten. Die Invasiven würden nicht nur gegessen, sondern vom spezialisierten Gewerbe in Pelze, Möbel, Mützen und Innenfutter verwandelt. Überhaupt werden alle tierischen Rohstoffe weiterverarbeitet: Felle, Hörner, Zähne, Nägel, Knochen, Hufe – alles wird genutzt und so oft wie möglich recycelt. So trägt man 200 Jahre alte Pelze oder verwendet die Daunen aus alten Kissen und Jacken.[303] Allerdings muss man sich bewusst sein, dass die konsequente Kreislaufwirtschaft die eigenen Haustiere tangiert. Aus Hundewolle spinnt man edles Garn für Mützen, Kissen und sogar Pullover, und Katzenpelz ist gerade sehr en vogue.[304]

Emotional weniger belastend für das Publikum dürfte der Rückgriff Zirkulas auf Chitosan sein, das aus den Panzern der Krabben gewonnen wird. Die Pharmaindustrie schätzt es, um Fettblocker und Cholesterinbinder zu entwickeln und den Blutzuckerstoffwechsel von Diabetiker:innen zu verbessern.[305] Weiter stellt Zirkula aus den Panzern Kleider her. Besonders geschätzt werden sie vom medizinischen Personal sowie von Neurodermitis-Patient:innen. Wegen der blutstillenden und antibakteriellen Eigenschaften eignet sich Chitosan für weitere medizinische Anwendungen – als Basis für Pflaster, Verbände, chirurgisches Füllmaterial und Garn oder allgemein für OP-Materialien. Eine per Multimediawand zugeschaltete Chirurgin schwärmt, sie verwende nur noch Krabbenpanzer, um maßgeschneiderte Implantate zu produzieren oder Knorpel- und Knochendefekte zu beheben.[306]

Auch die Landwirtschaft profitiert vom Chitosan.[307] Sie stellt damit Booster her, welche die Ertragsqualität der Pflanzen verbessern – zum

Beispiel die Süße von Trauben.[308] Weiter machen die zerstückelten Panzer die Pflanzen widerstandsfähiger, insbesondere gegen Hitze. Bei den heutigen Temperaturen ist dies ein Nutzenversprechen, das viele Karnivorier:innen überzeugen wird. Die Spionin zitiert eine Wüstenforscherin. Bei Versuchen in marokkanischen Gewächshäusern stieg infolge einer Hitzewelle die Temperatur unter den Glasdächern auf über 60 Grad Celsius. Das machten die meisten Pflanzen nicht mit und welkten bis zur Leblosigkeit. Nur die Pflanzen, die zuvor mit Chitosan behandelt worden waren, überstanden die Sonnenglut.[309] Eng verbunden mit der Landwirtschaft ist die Nutzung der Krabbenstoffe im Abwassermanagement. Mithilfe von Chitin gelingt es, Schadstoffe aus dem Wasser zu lösen, zum Beispiel Kupfer, Cadmium, Blei, Nickel oder Zink.

Ein anderes tierisches Abfallmaterial, das die Stadt intensiv nutzt, sind Eierschalen. Von Hobbygärtner:innen schon lange als günstiger Kalkdünger verwendet, schöpft Zirkula nun das volle Potenzial aus. Um serienmäßig in Produktion zu gehen, löste man zunächst die Hygieneprobleme. In Karnivoria gelten die Schalen als »gefährliche Abfälle«. Die Kosmetik- und Pharmaindustrie fertigt aus den »Eierschalenhäutchen« antibakterielle Materialien.[310] Wie wichtig diese Eigenschaft angesichts der Antibiotika-Resistenzen ist, dürfte allen klar sein. Auf den Multimediawänden erscheinen Projektionen von weiteren Eierschalenprodukten. Zirkula stellt Verpackungen, Fliesen und durch die Beimischung von Nussschalen Keramik her. Das Wegwerfgeschirr lösen die Zirkulaner:innen im Wasser auf und verwenden es anschließend als Dünger.[311] Revolutionär waren die Forschungs- und Entwicklungsschritte, die es Vegania möglich machten, mit dem in den Schalen enthaltenen Calciumcarbonat elektrochemische Batterien zu bauen.[312]

Innerhalb der Union hat sich die Insel schließlich dadurch einen Namen gemacht, dass man Nebenprodukte der Lebensmittelindustrie zu hochwertigen Lebensmitteln aufwertet. Manchmal werden diese Produkte sogar von weither importiert. Zum Angebot der Delikatessenläden gehören Kaffeekirschen. Aus dem Trester, der beim Pressen von Olivenöl und Fruchtsäften anfällt, entstehen Verpackungskarton, Dünger, Futtermittel, Heizpellets.

Menschen recyceln

Skurril, wenn nicht obszön mutet es an, dass Zirkula seine Leichen recycelt. Sie wisse, es sei ein heikles Thema, versucht die Spionin am Rednerpult das Publikum zu besänftigen. Noch heute würden in Zirkula viele empfindlich reagieren, wenn man ihre Körper als Rohstoffsammlung betrachte. Wo bleibe der Respekt für die Seele? Ein Teil dieser Skepsis gründe in der Vergangenheit, menschliche Leichen wurden immer wieder als Materiallager missbraucht. Sie denke an den Organhandel oder an Zahnärzte, die mit den Goldplomben ihrer Patienten reich wurden. Traurige Bekanntheit erlangte die systematische Plünderung der KZ-Leichen. Mit den Menschenhäuten stellten die Nazis unter anderem Lampenschirme her. Zu verschiedenen Epochen stellte man damit zudem Bucheinbände her.[313]

Im medizinischen Bereich habe die Verwertung der Leichen eine lange Tradition – nicht nur weil mit ihnen Ärzt:innen angelernt werden. Die Referentin lässt in Form eines Hologramms eine Historikerin zu Wort kommen: »Im 16. und 17. Jahrhundert fanden die unterschiedlichsten Körperteile Verwendung.« Offiziell war es ein Geschäft, das nur den Apothekern erlaubt war, »etwa die Herstellung von Salben aus dem Fett oder Pülverchen aus den Gehirnschalen der Gehenkten«.[314] Doch natürlich gab es Verstöße. Im 19. Jahrhundert plünderten Knochenhändler – beispielsweise nach der Schlacht von Waterloo – die Knochen, um phosphatreichen Dünger herzustellen.[315] Das klinge schauerlich. Doch selbst im 21. Jahrhundert sei die medizinische Weiterverwendung ein Standardprozedere – wenn auch andere Anwendungen als früher relevant sind und das humane Upcycling im Hightech-Gewand daherkomme. Einwilligenden Verstorbenen werden Augenhornhäute, Herzbeutel, Muskelhäute, Kniegelenke, Achillessehnen oder ganze Oberschenkelknochen entnommen. Haut, Knochen, Organe und Gewebe werden gespendet und verpflanzt.[316]

Zählt man alles zusammen, haben die Rohstoffe eines menschlichen Körpers einen Wert von etwa 1,7 Millionen Dollar. In die Höhe treiben den Preis die noch lebendigen Organe. In einer alternden Gesellschaft seien diese besonders begehrt, zum Beispiel die Nieren. Sie wolle nicht verschweigen, der Organhandel sei in gewissen Ländern bis heute ein Problem. Als Leiche ist der Körper immerhin noch 250000 Dollar wert.[317] Selbst scheinbar Wertloses kann man teuer verkaufen. In Friseursalons der EU fallen jährlich fast 70 Millionen Kilogramm Haare an – ein Haufen, so schwer wie sieben Eiffeltürme.[318] Zirkula verarbeitet sie zu Garnen, um Textilien zu weben. Gefallen die Roben und Pullover ihren Besitzer:innen nicht mehr, sei eine umweltfreundliche Entsorgung kein Problem. Die Textilien sind komplett kompostierbar.[319] Ein findiger Friseur aus Bern, Enrico Bizzaro, stelle mit Haaren Platten her, um Gebäude zu isolieren.

Konsequent sei man bei Beisetzungen. In Vegania ist die Feuerbestattung völlig außer Mode geraten. Aktivist:innen kritisieren sie schon lange als Rohstoffvergeudung und CO_2-Schleuder. Ließen sich in den 2020er Jahren noch 80 Prozent der Bevölkerung einäschern, sei diese Zahl in Zirkula fast auf null gesunken. Stattdessen finde man seine letzte Ruhe in kompostierbaren Waben. Sie suggerieren auf einem »Waldboden in einem Raumschiff« einzuschlafen.[320] Erde zu Erde, Asche zu Asche, Staub zu Staub. Als Kokon verpackt, werden die Überreste durch einen »Turbokomposter« beziehungsweise durch die Akkordarbeit von Bakterien und Insekten binnen 40 Tagen der Mutter Erde zurückgegeben.[321] Die Beerdigung ist eine »Reerdigung«.

Nach diesen morbiden Zukunftsideen, die das Publikum aufweckten und nicht wenige Buhrufe provozierten, freuen sich die Kongressteilnehmer:innen aufs Mittagessen. Das Buffet ist gerichtet, serviert wird nur das Edelste der Gastronomie Zirkulas: Hamburger mit Krebs, geschossenes Wild vom Flughafen, zweiundzwanzig Jahre alte Kuh und Suppenhuhn. Kein Wunder sind die Gäste des karnivorischen Kongresses nach der Pause versöhnlich gestimmt.

Die Schlüsselindustrien Zirkulas

Wie an jedem Kongresstag beginnt der Nachmittag mit einer Multimedia-Show, welche die wichtigsten wirtschaftlichen Aktivitäten Zirkulas vorstellt. Eine der Schlüsselindustrien beruht auf dem menschlichen Körper: die Düngemittelproduktion. Sie gewinnt den Phosphor zurück, den die Zirkulaner:innen über ihre Ernährung aufgenommen haben.

Phosphor-Dünger

Mit seiner Düngerindustrie ist Zirkula sehr erfolgreich. Ganz Vegania kauft die kostbaren Phosphor-Produkte ein. Die Spion:innen berichten zudem von einem illegalen Handel mit Karnivoria. Das Publikum wisse, wie knapp die Dünger seien. Um sie zu destillieren, wird alles verwendet, was die Einwohner:innen auf ihren Toiletten hinterlassen. Wer Kot zu Gold machen wolle, müsse jedoch einiges in Auffang- und Filteranlagen investieren. Sie trennen Phosphor und Wasser, reinigen den Urin von Medikamenten- und Drogenrückständen und unterbinden, dass sich Infektionskrankheiten verbreiten.

Neben den menschlichen Exkrementen nutzt man diejenigen der Nutztiere. Selbst die Ausscheidungen von Fischen werden verwertet, zum Beispiel als Nahrung für Aquaponik-Pflanzen. Überhaupt basiert die gesamte Landwirtschaft Zirkulas auf Kreisläufen. Man verfolgt strenge Biostandards. Ursprünglich war die Entscheidung für die Bioproduktion ein politisches Zugeständnis an alle Zirkulaner:innen, die den totalen Verzicht auf Nutztiere gefordert hatten. Wenn schon Tiere genutzt werden, sollen sie möglichst gut gehalten werden. Folglich sei der Anteil der Bioproduktion deutlich höher als in Karnivoria, wo sich die Zahlen auf einem ähnlichen Niveau wie 2020 befinden. Damals war, global betrachtet, nicht einmal jeder fünfzigste Hektar biologisch betrieben. Das spiegelte sich in den Fleischprodukten. In Deutschland betrug der Anteil des Biofleisches weniger als vier Prozent, in der Schweiz waren es etwas unter sechs Prozent.[322]

Mit den Ergebnissen der biologischen Transformation sind die verantwortlichen Landwirt:innen indes sehr zufrieden. Nicht nur sind die Erträge erstaunlich gut, es zeigten sich nach einigen Jahren der Umstellung auch positive ökologische Effekte. Die Insektendichte hat sich vergrößert, die Population der Vögel erholt. Die Bäuer:innen Zirkulas berichten, es sei erschreckend gewesen, wie viele Jahrzehnte Flora, Fauna und Böden Zirkulas gebraucht haben, um sich von der konventionellen

Landwirtschaft Karnivorias zu erholen. Übrigens haftet Bio auf Zirkula keineswegs der Ruf an, rückwärtsgewandt und technikfeindlich zu sein. Im Gegenteil: Die Agent:innen zeigten sich beeindruckt davon, dass die Stadt vollständig biologisch funktioniert und gleichzeitig die neusten Technologien einsetzt.

Bodenvitalisierung

Eine zweite Schlüsselindustrie ist ebenfalls der Landwirtschaft zuzuschreiben und zielt auf die Bearbeitung der Böden ab. Die Agrar-Expert:innen im Saal wüssten, wie kaputt die Böden und wie »verarmt« deshalb die Lebensmittel Karnivorias sind.[323] In den letzten dreißig Jahren hat sich die Situation nochmals gravierend verschlechtert. Das zeigt, wie unfassbar ungesund sich Karnivoria ernährt, und erklärt, warum die Lebenserwartung zurzeit rückläufig ist. Dieses Wissen dringe bekanntlich kaum an die Öffentlichkeit.

Die Regie spielt einen alten Dokumentarfilm ein. Er zeigt, wie besorgt Schweizer Bäuer:innen schon in den 2020er Jahren waren. »Wenn Sie heute Rüebli kaufen, sind diese punkto Nährstoffe niemals so gut, wie sie vor 30 Jahren waren, selbst wenn sie von einem Biobauern stammen.«[324] Um gegenzusteuern und seine Böden zu vitalisieren, investierte Zirkula in das Bodenmanagement. Auf Kunstdünger verzichtet man genauso wie auf Pflanzenschutzmittel oder schwere landwirtschaftliche Maschinen, die das Zusammenspiel von Mikroorganismen und Kleintieren im Boden durcheinanderbringen.[325] Von zentraler Bedeutung für die Vitalisierung sind weiter die konsequente Verwendung von Kompost und der Fruchtwechsel, inklusive Zwischenanbau von Klee und Hülsenfrüchten.[326] Karnivoria könne einiges von der hochmodernen und wissenschaftlich begleiteten Landwirtschaft Zirkulas lernen. Das vielseitige Portfolio an Maßnahmen steigere nicht nur die Vitalität der Böden und den Nährstoffgehalt der Lebensmittel. Genauso helfe es, Erosion und Entwaldung zu stoppen.

In der Gestaltung seiner Landwirtschaft profitiert Zirkula von der engen Zusammenarbeit mit Chlorella. Beide Städte bauen gezielt Pflanzen an, welche die Gifte Karnivorias aus den Böden ziehen, binden und in essbare Produkte umwandeln. Dazu zählen zum Beispiel Gewächse, die das von den Nutztieren ausgeschiedene Nitrat einschließen. Zirkula profitiert von den Erfahrungen, die Karnivoria mit Raps, Senf, Sonnenblumen, Gerste und Pappeln gemacht hat, um die Böden etwa von Schwermetallen zu reinigen.[327] Statt auf Mais- und Weizenmonokulturen setzt man auf Vielfalt und Permakulturen. Als besonders hilfreich erweisen sich Pflanzengemeinschaften, in denen Pflanzen Beziehungen eingehen. Dabei helfen sie sich zum Beispiel, um Schädlinge abzuwehren oder bei starker Trockenheit nicht zu vertrocknen. Wer Möhren und Zwiebeln eng zueinander setzt, kann den Einsatz von Insektiziden reduzieren. Außerdem setzt man nützliche Insekten aus, die Schädlinge wie Läuse und weiße Fliegen vertilgen.[328]

Zirkula erklärte die Kultivierung von Nützlingen gar zur Schlüsselindustrie. Von Tenebrio darf man die Infrastruktur zur Züchtung der Insekten nutzen, von den High Tech Islands mietet man Drohnen, um die Nützlinge in den Feldern zu verteilen und den Schädlingen statt mit Chemie mit Schlupfwespen beizukommen.[329] Die Insektenbestände der freien Wildbahn vergrößert Vegania wie bereits erwähnt mit stylischen Hotels. Jedes Jahr findet ein Wettbewerb statt, bei dem renommierte Künstler:innen ihre Entwürfe vorstellen. Die prämierten Modelle gehen in Massenproduktion und werden danach an Bushaltestellen, in vertikalen Farmen und auf Hochhausdächern montiert. Außerdem legt man parkähnliche Biotope an – mit Laub, Holz- und Steinhaufen. Größere schädlingsfressende Nützlinge wie Igel oder Eidechsen finden dadurch in allen Städten Kost und Logis.

Schließlich bearbeiten die wenigen Nutztiere die Böden. Im permakulturellen System sind sie voll in die Produktionsabläufe eines Hofs integriert.[330] Beispielsweise bereiten Hühner die Felder durch ihren Mist und das Scharren und Umgraben für die Bepflanzung vor. Eine große Rolle spielen zudem abfallgedüngte Landwirtschaft-Aquakultur-Systeme (LAA), aus denen Schnecken und Muscheln »geerntet« werden. Karnivoria dürfte auch die darin lebenden Fische, Süßwassergarnelen und -krabben beziehen. So oder so erhöht die Umstellung auf integrierte Kulturen die Pflanzenerträge im Vergleich zu Monokulturen um 20 bis 60 Prozent. Sie verringern Verluste durch Unkraut, Insekten und Krankheiten und ermöglichen eine effizientere Nutzung von Wasser, Licht und Nährstoffen. Darüber hinaus sind diese Systeme wesentlich widerstandsfähiger gegenüber klimatischen Störungen. Viele der traditionellen landwirtschaftlichen Systeme Asiens funktionieren seit Tausenden von Jahren so.

Neue Wirtschafts- und Managementmodelle

Typisch für Zirkula ist die Organisation der Nahrungsmittelproduktion in Form der »solidarischen Landwirtschaft«.[331] Etwas vereinfacht kann man sich darunter Höfe vorstellen, die von den Mitgliedern gemeinsam genossenschaftlich betrieben werden. Ein wichtiges Element der solidarischen Landwirtschaft sind die Bieterrunden. Alle Genossenschafter:innen entscheiden monatlich, welchen Betrag sie auf der festgelegten Preisspanne für den Lebensmittelkorb bezahlen können. Dieses Vorgehen garantiert der Kundschaft eine gewisse finanzielle Freiheit. Gleichzeitig können die Höfe mit einer fixen Abnahme ihrer Produktion und folglich einem regelmäßigen Einkommen rechnen. Zugleich macht es sie unabhängig vom Einzelhandel. Anders als in Karnivoria bestimmen die Höfe selbst, was sie anbauen. Die fixe Abnahme ihrer Erzeugnisse inklusive Mindestpreis erlaubt gewisse Freiheiten.

Das Vertrauen in die Produkte ist hoch, weil die Qualität erstklassig ist und die Wertschöpfungsketten kurz und transparent sind. Die Produktion erfolgt stadtnah, der Vertrieb läuft rein digital. Die Konsument:innen können Herkunft und Verarbeitung ihrer Lebensmittel überprüfen und werden nicht von unreifen Orangen, Tomaten und Melonen überrascht – wie das in Karnivoria leider üblich ist. Vetrauensfördernd wirkt zudem, dass die Produktionsmethoden demokratisch von den Genossenschafter:innen festgelegt werden. Zum Beispiel stimmen sie darüber ab, wie sie ihre Produkte verpacken oder Schädlinge bekämpfen wollen.[332] In einigen Genossenschaften gehört das gemeinsame Gärtnern, Essen und Kochen dazu. Das klinge jetzt etwas naiv und romantisch, gibt die Spionin zu – und tatsächlich sei es so, dass sich nur eine Minderheit der Zirkulaner:innen an den Aktivitäten und Abstimmungen beteilige. Die Mehrheit schätzt die Anonymität oder entscheidet sich beim Eintritt in eine Solidargenossenschaft für eine Stellvertretung. Ermittelt wird diese durch ein paar Fragen, um die Präferenzen von Vertreter und Mitglied in Einklang zu bringen.

Einige Genossenschaften produzieren Fleisch. Es ist deshalb klar, dass Zirkula sein Ernährungssystem viel stärker überwacht als die anderen Städte Veganias. Das Erlassen von Vorschriften über die Tötung von leidenden alten Tieren, die Lagerung oder die Verarbeitung zu Lebensmitteln sind wichtige staatliche Managementaufgaben. Eine Agentur überprüft Tag und Nacht, wie die Tiere geschlachtet, verarbeitet, aber auch gehalten werden. Wenig überraschend ist daher die Zahl der Tierärzt:innen in Zirkula dreimal so hoch wie in Karnivoria. Bei allen registrierten Höfen führen sie halbjährlich unangemeldete Check-ups bei sämtlichen Tieren durch.

Auch wenn ihre Redezeit eigentlich schon abgelaufen sei, wolle die Referentin noch eine letzte Innovation im Management der Landwirtschaft ansprechen: den Ernährungsrat.[333] Das Gremium berät die Regierung, welche Nutztiere man warum hält, welche Technologien gefördert und in welche Start-ups investiert wird. Wie die Genossenschaften bricht er die Macht großer Lebensmittelkonzerne. Zudem haben die Mitglieder maßgeblich geholfen, den Wandel von Karnivoria zu Veganig zu begleiten, indem sie in ihren Netzwerken Aufklärungsarbeit leisteten. Wer im Ernährungsrat sitze, bestimme wie bei der Einladung zum karnivorischen Kongress das Los. Die Spionin schwärmt: Nicht nur ist das Interesse für die Ernährungspolitik viel größer als in den anderen Städten Veganias, was sich beispielsweise an den hohen Transparenzforderungen über Produktionsbedingungen und die Margen in der Lebensmittelindustrie zeige. Ebenso beeindruckend sei, dass die Bürger:innen viel mehr Geld für das Essen ausgeben als auf allen anderen Inseln.

Kritische Fragen an Zirkula

Der Kongress neigt sich seinem Ende zu. Eine gewisse Müdigkeit ist spürbar. So viel Neues haben die Teilnehmer:innen gelernt, so vieles mussten sie beurteilen und verarbeiten. Mit provokativen Fragen hält sich das Publikum dieses Mal zurück, vermutlich weil es beruhigt ist, dass es neben den High Tech Islands eine zweite Insel gibt, wo man Fleisch essen kann.

Die Moderatorin nutzt die Flaute, um ihr Kleid zu präsentieren. Sie schwitze wahnsinnig, doch der Komfort des Katzenpelzes sei unglaublich. Nicht alle im Publikum haben Verständnis für diese Exklusivmode. Aber wenigstens ist nun wieder Stimmung im Saal.

Versorgungssicherheit und psychologische Ressourcen

Einmal mehr ergreift der etwas übereifrige Landwirtschaftsminister zuerst das Wort. Er mache sich Sorgen um die Versorgungssicherheit. Eine Produktion der Lebensmittel nach biologischem Standard sei bestimmt eine gute Sache für die Umwelt. Für die Menschheit aber sei sie gefährlich. Es würde niemals gelingen, die zehn Milliarden Erdbewohner:innen mit Bioprodukten zu ernähren. Eine biologische Landwirtschaft werfe schlicht zu wenig Ertrag ab.

Es ist eine alte Diskussion, welche die Bäuer:innen schon länger beschäftigt und in konservativen Milieus immer dieselben Antworten provoziert. Sie lästern, eine biologische Landwirtschaft sei aus Sicht der Versorgungssicherheit unmöglich und überhaupt müsse man die heimische Produktion von Lebensmitteln hochfahren. Allzu gerne vergessen sie, dass in einer veganen Zukunft viel weniger Erträge nötig sind, weil man die Milliarden Nutztiere nicht ernähren muss. Die Expert:innen sind sich sicher: Ein Bioszenario für Karnivoria mit einem Verzicht auf Futterproduktion würde »sehr gute Ergebnisse« bringen. Die biologische Landwirtschaft erreicht 80 bis 90 Prozent der Erträge der konventionellen Landwirtschaft.[334] Zudem rechne der Spionagedienst damit, dass neue Anbaumethoden – Stichwort Permakulturen – die Erträge erhöhen können. Für die Zukunft, so die Referentin, sei nicht entscheidend, ob Karnivoria biologisch produziere, sondern wieviel Fleisch und Milch es konsumiere.

Ihr ist es sichtlich etwas unangenehm, dem Publikum die Fakten in Erinnerung zu rufen. Eine vegane Zukunft habe einen viel geringeren

Produktionsdruck. Wie den meisten mittlerweile bekannt sei, würden Mais und Soja zu 80 Prozent für Nutztiere angebaut. Ein Drittel aller produzierten Kalorien würde an Tiere verfüttert, ein anderes Drittel weggeworfen.[335] Die Spionin erinnert weiter an die ungesunde und übermäßige Ernährung Karnivorias. In England seien 63 Prozent der Bevölkerung übergewichtig, 37 Prozent hätten Adipositas. In den USA seien es sogar 72 beziehungsweise 40 Prozent. Wer denke, in Deutschland sei dies anders, täusche sich. Knapp zwei Drittel der Männer und fast die Hälfte der Frauen litten an Übergewicht. Bei beiden Geschlechtern sei ein Viertel der Erwachsenen gar stark übergewichtig.[336] Nicht zuletzt verringere sich der Nahrungsmittelbedarf in Vegania aber auch dadurch, dass man den Foodwaste besser im Griff habe.

Ein Losgewinner, der sich als Fleischliebhaber outet, meint, er sei nicht dumm, die Fakten habe er verstanden. Aber wie sei es Zirkula gelungen, den Fleischkonsum zu reduzieren? Er glaube nicht, von heute auf morgen weniger Fleisch essen zu können. Die Spionin antwortet, eine wichtige Stütze sei die Psychologie eines nachhaltigen Lebensstils.[337] Deshalb fördere man die Genussfähigkeit, die Selbstakzeptanz, die Selbstwirksamkeit, die Achtsamkeit, die Sinnkonstruktion oder die Solidarität der Kinder. Eine bessere Genussfähigkeit ziele darauf ab, den Konsum von Fleisch als exklusiven Luxus wahrzunehmen. Man gönne ihn sich seltener, aber genieße ihn umso intensiver, und genau dadurch lasse sich der Ressourcenverbrauch einschränken.[338] Achtsamkeit wiederum trage dazu bei, die Naturverbundenheit und das Körperbewusstsein zu stärken und zugleich den Materialismus und das Statusdenken zu reduzieren. Daraus resultiere ein sehr bewusster Konsum tierischer Proteine.[339]

Böses Aas

Das Agententeam, das sich mit den Sicherheitsfragen in Vegania beschäftigt hat, erlaubt sich, an dieser Stelle eine Bemerkung einzuschieben. Es gebe tatsächlich ein Problem mit der Versorgungssicherheit in der biologischen Landwirtschaft. Mit der produzierten Menge von Früchten, Gemüse und Getreide habe dies aber nichts zu tun. Vielmehr sei die Haltbarkeit der Lebensmittel problematisch. Im konventionellen Anbau würden Fungizide und Insektizide nach der Ernte einfach weiterwirken. In Vegania aber drohe schnell der Verfall.

Das Problem der Haltbarkeit könne Karnivoria mit kurzen Wertschöpfungsketten beheben. Das verlange je nach Perspektive eine Urbanisierung der Landwirtschaft oder eine Verlandwirtschaftlichung der Städte.[340] Wie der Kongress gezeigt habe, betreibe Vegania einen beträchtlichen Teil seiner Landwirtschaft stadtnah. Für die Umsetzung dieser Vision seien die Technologien des Urban Farming entscheidend, weiter spielten Hors-Sol-Kulturen und Aquaponik eine Rolle. Zudem müsse Karnivoria lernen, auf der Grundlage von Daten zu planen, was gemäß den aktuellen Kundenbedürfnissen gerade gefragt sei. So könne Karnivoria die Lagerzeiten, -kosten und -flächen reduzieren. Es sei natürlich denkbar, den Konsument:innen weniger Auswahl zu lassen und sie wie in den genossenschaftlichen Bauernhöfen zur Abnahme fix zusammengestellter Warenkörbe zu verpflichten.

Die Gesundheitsministerin kommentiert, eine große Freiheit zu haben sei ihr schon wichtig. Vielleicht gebe es im künftigen Karnivoria auch Abos mit exotischen Früchten, selbstverständlich mit Elektroschiffen transportiert. Eigentlich möchte sie aber wissen, ob der Mensch kranke Tiere essen kann und ob es aus Sicht der Gesundheit nicht doch besser wäre, die Tiere zu töten, bevor sie krank werden. Der verantwortliche Spion gibt zu bedenken, dass Menschen über einen weiten Teil ihrer Geschichte Aasfresser waren. Sie aßen die Tiere, die sie fanden, ganz gleich, was die Todesursache war – ein Unfall, Altersschwäche, eine Krankheit, Hunger oder Durst. Das war früher kein Problem, weil die Urmenschen die dafür nötigen Mägen hatten. Zwar möchte er seinen Magen lieber nicht auf die Probe stellen. Aber er könne die Ministerin beruhigen, es gebe auf Zirkula mehrere Vorsichtsmaßnahmen, um die Gesundheit zu schützen.

Zum einen würden die toten Körper vom Veterinäramt kontrolliert, um Infektionskrankheiten und Verwesung auszuschließen. Zum anderen müsse der Tod sehr schnell sichergestellt werden und die Körper danach ausbluten. Das verhindere, dass sich Keime aus-

142

breiten. Hierzu habe es sich bewährt, alle Tiere mit einem Chip zu versehen. Höre ein Herz auf zu schlagen, würden automatisch die Fleischfabriken alarmiert, welche die Tiere abholten. Ob man kranke Tiere töten soll, *bevor* sie zu leiden anfangen, sei eine tierethisch sehr berechtigte Frage. Man müsse sich einfach bewusst sein, dass jede Legalisierung die Gefahr berge, wieder in einer industriellen Nutztierhaltung zu enden.

Fleisch nur für die Reichen

Nun kommt doch noch eine Diskussion in Gang. Ein Mitglied der Volkspartei bemerkt, wenn man ehrlich sei, entspreche Zirkula für die meisten Bürger:innen einer fleischlosen Zukunft. Fleisch sei so knapp und teuer, dass es sich kaum jemand leisten könne. Man verspreche dem Volk Fleisch, aber Zirkula sei ein Täuschungsmanöver, *Zwangsveganimsus!*

Die Spion:innen versuchen sich gar nicht erst in Ausreden zu flüchten und stimmen zu: Ja, Fleisch sei auf Zirkula sehr teuer. Das gilt sowohl für das Angebot im Supermarkt wie auch für die Speisen im Restaurant, wo Fleisch- und Fischgerichte das Fünffache von veganen Mahlzeiten kosten. Im Vergleich zu den Preisen der 2020er Jahren würde eine Wurst oder eine Hühnerbrust auf Zirkula inflationsbereinigt viermal mehr kosten. Dasselbe gelte für Milchprodukte. Würde man auf Zirkula nicht wieder das ganze Tier essen, wären die Preise noch viel höher. Man vertrete auf der Insel eine klare Haltung: Fleisch ist ein Luxusprodukt. Kein Mensch brauche Zugang zu Fleisch, Fisch oder Käse, um ein gelungenes Leben zu führen. In der Verfassung Zirkulas steht explizit: Fleisch ist kein Grundrecht. Die Stadt hat sich von einem Wertesystem wegbewegt, in dem die Menschen lieber Geld für Sprit ausgeben als für hochwertiges Öl, mit dem sie täglich ihren Salat verfeinern.[341] Man will nicht mehr möglichst günstig essen, um in anderen Lebensbereichen mehr konsumieren zu können.

Weiter gibt die Tötung der Tiere zu reden. Eine aufgebrachte junge Frau aus dem Publikum will wissen, wie es sich mit dem Schlachten verhalte. Ihr würden ganz viele Fragen durch den Kopf gehen. Wird immer der natürliche Tod eines Tieres abgewartet? Sie frage sich ebenfalls, ob die Tierliebe nicht verlange, den Leidenden einen letzten Dienst zu erweisen und ein altes krankes Huhn von seinen Leiden zu erlösen? Falls ja, wo liege die Grenze zwischen dem Töten für den Fleischkonsum und dem Töten, um Leiden zu verhindern? Und wenn sie schon das Wort habe, Herr und Frau Zirkula würden ja kaum jedes Mal die teure Tierärztin rufen, um ein Tier zu erlösen, sondern selbst zuschlagen. Für die Tiere könne das bitter enden. Sie spreche aus eigener Erfahrung, es sei gar nicht so einfach, ein Tier zu töten, ohne es zu verängstigen oder ihm Schmerzen zuzufügen.

Die Spionin meint, es gebe auf Zirkula einen Schwarm von sogenannten »Tötungsengeln«, die ihre Dienste in den Gärten der Kund:innen und auf Stadtbauernhöfen anbieten. Es gehe hochprofessionell zu. Die Buchung der Engel erfolge via App, die Tiere würden weit weg von der Herde erlöst. Natürlich gebe es Sünder:innen, die quicklebendige Tiere töten. Aber die Kontrollen seien streng und das Gesetz schreibe genau vor, wann eine Tötung erlaubt ist. Wer sich bei einer illegalen Tötung erwischen lasse, müsse eine hohe Geldstrafe zahlen und riskiere bei einer Wiederholung der Tat ein Fleischkaufverbot zu erhalten. Der entscheidende Punkt sei aber immer, ob ein Tier getötet werde, um es zu erlösen oder um das Bedürfnis eines Menschen zu befriedigen. Ein vitales Tier habe den Willen zu leben. Tieren, die sich dem Tod nähern, aber gehe die Kraft aus. Diese Grenze erkenne, wer ein Tier sein ganzes Leben begleitet und ein Gespür für dessen Kraft und Gewohnheiten entwickelt habe.

Illegaler Fleischkonsum

Nun greift erstmals auf dem Kongress die Polizeiministerin in die Diskussion ein. Die Verknappung des Angebots in Kombination mit den eingeschränkten Produktionsmöglichkeiten fördere die Kriminalisierung des Fleisches. Das zeige der Verlauf der Diskussion sehr deutlich. Die verantwortliche Spionin gibt der Polizeiministerin sofort recht, die Nutztierkriminalität könne zu einem großen Problem für ein veganes Karnivoria werden.

Viele Zirkulaner:innen würden wie Karnivorier:innen leben und hätten ihre Gewohnheiten nie hinterfragt. Entsprechend häufig würden die Geheimdienste Fleischringe und illegale Handelswege aufdecken. Der Polizeiministerin dürfte bewusst sein, dass Vegania viel Fleisch, aber auch Käse illegal aus Karnivoria importiert. Hohe Haftstrafen hätten nur bedingt geholfen, das Übel in den Griff zu bekommen. Als Tierliebhaberin stoße sich die Spionin aber weniger an den Importen und sie könne damit leben, dass jemand ein paar Hühner zu viel hält oder diese zu früh tötet. Große Sorge bereiteten ihr aber die schrecklichen Haltungsbedingungen in den entdeckten illegalen Fabriken. Die Tiere würden ein miserables Leben führen und im Vergleich zur Massentierhaltung sei die illegale Haltung sogar ein Rückschritt. Nicht vergessen sollte man die Pandemie- und Hygienegefahren, die von solchen Schwarzhöfen ausgehen.

Die Polizeiministerin holt nochmals aus: Der Umgang der Gesellschaft mit Drogen zeigt, wohin eine Kriminalisierung führt: zu Schwarzmärkten, organisierter Kriminalität, Bandenkriegen und zur Streckung mit billigen Rohstoffen, was bis in den Tod führen kann. Die Spionin versucht, mögliche Lösungen aufzuzeigen. QR-Codes, genetische Marker und RFID-Chips würden helfen, die kompletten Wertschöpfungsketten transparent zu machen.[342] Das erhöhe die Sicherheit der Konsument:innen und gebe ihnen die Gewissheit, keine illegalen oder gestreckten Würste zu kaufen. Alternativ könne man die Geheimdienste ausbauen und das Ernährungssystem stärker überwachen lassen. Es sei kein Geheimnis, dass Drohnen Tag und Nacht über Zirkula kreisen und illegale Hühner- und Fischzuchten in Gärten und Dächern aufspüren. Schon erwähnt wurden die obligatorischen medizinischen Check-ups für sämtliche Nutztierhalter:innen. Das Publikum erkenne deutlich: Wer in Karnivoria künftig Fleisch essen wolle, müsse mehr Überwachung in Kauf nehmen.

Rassismus der Tiere

Eine Losgewinnerin, die in ihrer Gemeinde als Jägerin amtet, will wissen, warum die Spion:innen bisher die Jagd nicht erwähnt haben. Diese sei doch notwendig, um die Qualität der Ökosysteme zu erhalten? Mit der Jagd könne Zirkula seine Nutztiere schützen und etwas mehr Fleisch in Umlauf bringen.

Die verantwortliche Spionin hält dagegen: Ganz Vegania verzichte auf die Jagd. Man sei zur Überzeugung gelangt, die Wildbestände könnten sich durch Krankheiten, natürliche Feinde und das Nahrungsangebot regulieren. Selbst in Karnivoria verweisen Expert:innen auf den beschränkten Nutzen der Jagd. Die Bestände von Wildschweinen, Rothirschen und Füchsen nähmen zu, obwohl man jedes Jahr mehr Tiere abschieße. Zum Beispiel erlege Deutschland jährlich fast eine halbe Million Füchse, wobei deren Felle nicht in die Kreisläufe zurückfinden. Vielmehr gehe es Jäger:innen nur darum, Konkurrenten in der Jagd auf Hasen und Fasane auszuschalten.[343] Ein Gegenbeispiel sei Luxemburg. Das Land habe 2015 die Jagd auf Füchse verboten – und keine Zunahme der Population beobachtet. Die Agentin zeigt Hologramme von weiteren Tieren, die deutsche Jäger:innen jährlich sinnlos tausendfach töten: 100 000 Fasane, 10 000 Waldschnepfen, 20 000 Waschbären.[344] Das Argument, die Nutztiere zu schützen, halte sie für heuchlerisch. Die paar Schafe, die ein Wolf reiße, seien lächerlich im Vergleich zu den Millionen, die in den Schlachthöfen sterben.

Ob Zirkula auch Menschen esse, möchte ein 100-jähriger Losgewinner wissen. Das wäre doch nur konsequent, für eine Stadt, die sich der Zirkularität verschreibe, und ja, er spreche von Kannibalismus. Eine historisch geschulte Superagentin ist froh, diesen Punkt ausführen zu dürfen. Tatsächlich hätten zu allen Zeiten und auf allen Kontinenten Menschen andere Menschen gegessen. Sie unterwarfen sich Ritualen, einige indigene Völker rührten die Asche von Verstorbenen in Drinks ein. Sie hatten Hunger, wussten sich nach Flugzeugabstürzen nicht anders zu helfen. In den Krisenzeiten der Song-Dynastie trocknete man die Toten, um Dörrfleisch herzustellen, das billiger war als Hunde- und Schweinefleisch.[345] Das Fleisch alter Männer nannte man »gut durchgebraten«, das von hübschen jungen Frauen »Hammels Neid« und das der kleinen Kinder »Knochenkompott«.[346] Vielleicht frage sich das Publikum, wie gekochter Mensch schmecke. Die Spionin könne darüber berichten, weil sie in ihrer Ausbildung kultiviertes Menschenfleisch gekostet habe. Es sei Lamm- oder Schweinefleisch ähnlich. Ernährungstechnisch mache es aber wenig Sinn, Menschen zu essen. Im Vergleich zu anderen großen Tieren (wie Bison, Rind und Pferd) ist der Kalorienwert viel zu gering.[347] Zum Abschluss des Tages meldet sich die Vorsteherin der Ethikkommission zu Wort. In Karnivoria ist sie eine bekannte Schriftstellerin. Sie hat einige provokante Bücher geschrieben, in denen sie sich gegen die Fleischideologie ausspricht und für eine vegane Zukunft stark macht. Sie halte es für problematisch, gewisse Arten als gebietsfremd zu taxieren und unter dem Vorwand zu töten, dass sie heimische Ökosysteme aus dem Gleichgewicht bringen. Wenn ein Tier in einen neuen Lebensraum einwandere und sich dort fortpflanze, zeige dies doch, dass es dort zu Hause sein könne. Sie möge es nicht, dass in Zirkula wieder der Mensch beurteilt, ob eine Art »gut« oder »schlecht« sei. Gut und böse kenne die Natur nicht.[348] Wenn sich der Mensch ins Zentrum stelle, sei dies das Gegenteil dessen, was Vegania vorleben wolle – das friedliche Zusammenleben aller Arten.

In der Natur gebe es kein friedliches Zusammenleben der Arten, ruft an dieser Stelle ein rechtskonservativer Pöbler dazwischen. Und der Natur brauche man auch keine Lehre zu erteilen. Zum Glück werde sie das Problem der knappen Ernährung sowieso ohne Veganismus lösen. Durch fehlenden Zugang zu Wasser und Nahrungsmitteln oder neue Pandemien werde sie die Menschheit dezimieren und in der Folge könnten die Übrigbleibenden wieder ordentlich Fleisch essen. Das eigentliche Problem Karnivorias sei die Überbevölkerung, nicht der Fleischkonsum. Die Moderatorin unterbricht den Populisten und gibt der Spionin Gelegenheit zu antworten. Sie meint, man müsse sachlich bleiben und die Zahlen sehen, zum Beispiel bei den Treibhausgasen. Die reichsten 16 Prozent der Menschen verursachten 46 Prozent der CO_2-Ausstöße, die ärmsten 49 Prozent dagegen nur 13,4 Prozent. Das spiegle sich bei den Emissionen der Kontinente. Afrika stoße drei Prozent der Treibhausgase aus, Europa und Nordamerika zusammen 37 Prozent.[349] Der Fleischkonsum des europäischen Kontinents sei mehr als dreimal so hoch wie jener des afrikanischen. Das Problem Karnivorias sei also trotz allen laut vorgetragenen Parolen nicht die große Bevölkerung, sondern die fehlende Bescheidenheit der Reichen.

Die Zeit für den Rundgang durch Zirkula ist längt um und die Moderatorin beendet den fünften Kongresstag. Am letzten Tag steht eine Zusammenfassung und die große Abstimmung zur Zukunft Karnivorias an. Nun aber hätten sich alle einen vergnüglichen Abend verdient. Das Buffet sei eröffnet. Heute gebe es die besten Speisen aus Chlorella, von den Islands, aus Tenebrio und Zirkula. Ob es den Teilnehmenden gelingen würde, die Burger aus Pflanzen, aus Laborfleisch, aus Insekten und aus alten Kühen richtig zuzuordnen?

TEIL 3

Übergang

Übergang

Die Nacht war kurz. Viele Kongressteilnehmer:innen diskutierten bis spät in die Nacht und tauschten sich über ihre Eindrücke aus. Sie staunten und kritisierten, wogen Vor- und Nachteile ab, spekulierten, was die besten Zukunftsstrategien für Karnivoria sein könnten.

Bevor nun abgestimmt wird, treten noch einmal vier Spion:innen ans Rednerpult. Die Moderatorin kündigt sie mit einer großen Enthüllung an: Alle Spion:innen leben selbst seit vielen Jahren vegan und waren deshalb besonders geeignet, die Geheimnisse Veganias zu erforschen. In ihren Plädoyers werden sie auf die Gemeinsamkeiten, Unterschiede und Zielkonflikte der Inseln eingehen und darauf, wer den Übergang in eine vegane Zukunft wie unterstützen könnte.

Ihre wichtigste Botschaft lautet: Niemand muss sich vor der veganen Revolution fürchten.

Plädoyer 1: Der Veganismus begründet einen Superzyklus

In der Kongresswoche sind einige Freundschaften entstanden und nicht wenige versuchten mit Drinks in der Hand, eine Allianz für ihre Lieblingsinsel zu schmieden. Nun aber sitzen alle wieder im Saal, das Licht geht aus und das erste Plädoyer beginnt. Den Auftakt macht eine Spionin, die über die wirtschaftlichen Potenziale der veganen Revolution sprechen wird.

Geschätzte Losträgerinnen und Losträger, geschätzte Ministerinnen und Minister! Als Volkswirtschaftlerin ist mein Blick auf die bevorstehende vegane Revolution ökonomisch geprägt. Eine vegane Zukunft gleicht einem großen Versprechen auf neue Märkte. Unsere Erkundungen zeigen: Sie lässt zahlreiche neue Industrien, Unternehmen und Arbeitsplätze entstehen. Ich behaupte sogar, der Veganismus hat das Potenzial zum ökonomischen Superzyklus, der weltweit eine gigantische Wachstumsdynamik entfalten wird. Jene Länder und Unternehmen Karnivorias, die zuerst reagieren, werden am meisten profitieren.

Nicht nur auf den High Tech Islands, wo in Vegania die meisten neuen Industrien entstanden sind, erlebten wir Spioninnen und Spione eindrücklich, wie die vegane Revolution oder, anders ausgedrückt, das umfassende Redesign des Ernährungssystems – von Landwirtschaft bis Verpackungsindustrie – einem volkswirtschaftlichen Strukturwandel gleichkommt. Er erinnert mich an einen anderen Umbruch, der mich vor dreißig Jahren als frisch berufene Professorin beschäftigte: die digitale Transformation. Tauschte diese das Analoge gegen das Digitale, ersetzt die vegane Revolution tierische Rohstoffe durch nicht tierische. Beide Revolutionen gehen mit einem starken Technologieschub einher, in dessen Folge sich etablierte Unternehmen mit einer aggressiven branchenfremden Konkurrenz konfrontiert sehen. In unseren Lehrbüchern schrieben wir damals viel über Kodak oder Nokia – als Beispiele für Unternehmen, die den Wandel kommen sahen und trotzdem zu spät auf die neue Konkurrenz reagierten. Wer wird dieses Mal abgehängt werden?

Ich will gar nicht verschweigen, dass wie in jedem wirtschaftlichen Strukturwandel zahlreiche Arbeitsplätze verloren gehen. Tausende Metzger, Hirten, Jäger und Zoodirektoren werden arbeitslos. Aber die Erfahrungen Veganias zeigen: Bedeutender als der Verlust der Arbeitsplätze ist der Bedarf für neue Jobs. Je stärker sich die vegane Vision von unserer karnivorischen Gegenwart unterscheidet, desto größer das Potenzial. Zum Beispiel gibt es in Vegania außer in Zirkula keine Viehbauern und Viehbäuerinnen mehr. Dafür arbeiten viele als Neobauern und Neobäuerinnen in der vertikalen Landwirtschaft. Für die Aquakulturen, Insekten- und Clean-Meat-Industrien wurden riesige Infrastrukturen neu gebaut, die heute Zehntausende Mitarbeitende beschäftigen. Betroffen vom Strukturwandel waren auch die Nutztiere. Milliarden Schweine, Kühe und Hühner waren plötzlich arbeitslos. Nicht alle erhielten die Freiheit. Zwar verbot Vegania die künstliche Befruchtung der Tiere sofort, aber die Fleischproduktion blieb noch ein halbes Jahr erlaubt. Die Politik traute sich nicht, sofort durchzugreifen, sie fürchtete die Wut der Bevölkerung. Weil aber kaum ein Nutztier länger als ein Jahr lebt, hielt sich der Fleischüberschuß in Grenzen.

Um nicht einzugehen, mussten sich nach der Unabhängigkeit viele Unternehmen Veganias radikal verändern. Das gilt auch für Karnivoria: Gefragt sind neue Geschäftsmodelle und damit auch neue Fähigkeiten. Diese ergeben sich entlang der vier Varianten der veganen Revolution: der Umstellung auf pflanzliche Ressourcen, der Produktion von Fleisch ohne Tiere, der Nutzung von Tieren ohne zentrales Nervensystem und schließlich der Umstellung auf eine Kreislaufwirtschaft, in der nur die Rohstoffe von natürlich gestorbenen Tieren genutzt werden. Jedes dieser Konzepte birgt sein eigenes Chancenpotenzial. Unternehmer und Manager werden sich wehren. Wie bei der Digitalisierung plagen sie Verlustängste. Was würde aus ihnen werden? Würde sich ihr Status verschlechtern, würden sie ihre Entscheidungsgewalt verlieren? Was mussten sie lernen, um in einer veganen Zukunft zu bestehen?

Vegania sah diesem Wandel nicht einfach passiv zu, sondern unterstützte großzügig jeden, der nicht nach Karnivoria auswanderte. Bäuerinnen und Bauern, die mit einem anderen Geschäftsmodell im Beruf bleiben wollten, zahlte man eine Übergangsentschädigung. Davon profitierten etwa jene, die sich für eine Algenfarm entschieden oder für einen Lebenshof, wo die Tiere alt werden dürfen, ohne etwas leisten zu müssen oder geschlachtet zu werden. Sie erhielten Zugang zu Aus- und Weiterbildung, zu Beratung und Coaching. Transfarmation bedeutet für die Betroffenen viel Arbeit an ihrer Persönlichkeit.[350] Einige wagten den totalen Neuanfang und stiegen in unbekannte Branchen ein, beispielsweise in die Clean-Meat- und Clean-Fish-Industrie. Es sind nicht die einzigen Technologie- und Wirtschaftszweige, die Vegania neu aufbauen musste. Gefragt waren ebenso Präzisionsfermentierung und -landwirtschaft, skalierbare Modelle der Permakultur. Genauso wird auch Karnivoria Geld in die Hand nehmen müssen, um das Wasser zu entsalzen und die Solarenergie auszubauen. Alles, was Vegania im kleinen Stil erprobte, kann Karnivoria nun global skalieren.

Im Agententeam sind deshalb viele der Meinung: Der Veganismus begründet einen neuen Kondratjew-Zyklus. 1926 beschrieb der Russe Nikolai Kondratjew, wie die Wirtschaft rhythmisch in 50 bis 60 Jahre dauernden Zyklen verläuft. Im Wellenmuster sorgt jeweils ein Innovationsthema für einen jahrzehntelangen Aufschwung. Auf die Dampfmaschine (1780–1830) folgten die Eisenbahn (1830–1880), die Elektronik (1880–1930) und die Petrochemie (1930–1970).[351] In allen Zyklen sorgte eine grundlegende Revolution jeweils dafür, dass wie in einer Kettenreaktion sämtliche zuliefernde, verteilende, erforschende, beratende und vermarktende Branchen vom Aufschwung profitierten. Vegania erlebte diesen Domino-Effekt eindrücklich. Eine andere Ernährung provozierte eine andere Landwirtschaft und diese zog Veränderungen in der Verpackungs-, der Dünger- und Kleiderindustrie nach sich. In all diesen Branchen stiegen durch die Innovationen nicht nur die Margen, sondern auch die Löhne und die Attraktivität für Fachkräfte. Noch bleibt abzuwarten, welche weiteren Spillover-Effekte die Fortschritte der Gentechnologie, der künstlichen Fotosynthese, der digitalen Tierversuche oder das Wissen um die Selbsterneuerung von Quallen haben werden.

Kondratjew erlebte nur die ersten drei Zyklen.[352] Kurz nach seinem Tod 1938 begann der Siegeszug der Informations- und Kommunikationstechnologien, der maßgeblich mit dem Duell der USA und der Sowjetunion im Kalten Krieg verknüpft war. Es folgten die Laptops, die Videokonsolen, die Smartphones und Tablets – und mit ihnen die Suchmaschinen und alle anderen Online-Plattformen von Amazon bis Zalando. Doch dem rhythmischen Modell entsprechend kam auch dieser Aufschwung nach einigen Jahrzehnten zu einem Ende. Kondratjew hatte vorausgesagt, ein neuer Zyklus dränge sich umso mehr auf, je mehr die Gewinne des alten zurückgehen. Auch wenn Kondratjews Theorien in der Wissenschaft umstritten sind, glauben die Volkswirtschaftlerinnen und Volkswirtschaftler Veganias heute deutlich zu sehen, wie sich ab 2020 das Ende des digitalen Kondratjew-Zyklus mit dem Aufstieg des veganen überschnitt. Die digitale Revolution wurde von der veganen abgelöst.

Der digitale Aufschwung endete, als in den 2020er Jahren die Effizienzpotenziale des Internets immer deutlicher wurden. Läden, Schalter und Kinos wurden geschlossen, das Papier verlor seine Bedeutung. Briefträger, Kassierer, Ticketkontrolleure, aber auch Angestellte in der Verwaltung und im kreativen Gewerbe verloren durch Roboter, Drohnen und Chatbots wie GPT, die immer erfindungsreicher und präziser wurden, ihre Jobs. Den Abschwung spürten die Börsen. Viele Tech-Konzerne büßten einen Großteil ihres Werts ein und entließen zu Beginn der 2020er Jahre Zehntausende Mitarbeitende. Noch bezeichnender für die Krise der Digitalisierung ist rückblickend jedoch, dass ihre positiven Zukunftsaussichten verblassten. Die vierzehnte Generation des iPhones war kein Versprechen mehr, es war eine plumpe Wiederholung. Niemand wollte ins Metaversum einziehen, niemand einen VR-Catsuit überziehen, niemand sich rund um die Uhr überwachen lassen, niemand sich einen Chip implantieren lassen, der Gedanken lesen kann. Zudem dämmerte den Menschen: Der Rohstoff- und Energiebedarf für die Quantencomputer, die selbstfahrenden elektrifizierten Autos und VR-Brillen würde die Natur zusätzlich belasten.

Vom ersten Tag der Unabhängigkeit an war für Vegania klar: Ihre Städte brauchen Unternehmen, die neben Einkünften und Arbeitsplätzen eine positive Zukunft versprechen. Das kann ein wirtschaftlicher Aufschwung nur, wenn eine Mehrheit der Bevölkerung Sinn und Zweck der Innovationen nachvollziehen kann, welche die Politiker und Wirtschaftskapitäne ausrufen. Der vegane Superzyklus leistet dies. Er verspricht nicht nur einen ökonomischen Aufschwung, sondern er hat ebenso ein großes ökologisches und sinnstiftendes Potenzial. Lasst uns lieber heute als morgen beginnen, dieses auszuschöpfen!

Plädoyer 2: Die vegane Revolution ist keine Diktatur

Als nächstes tritt ein Spion ans Rednerpult, der nach Tenebrio entsandt worden war. Laut Tagungsprogramm will er ein Plädoyer für die Vielseitigkeit und die damit einhergehenden Wahlfreiheiten einer veganen Zukunft halten. Dass die Städte nicht autark bestehen können, sieht er als Chance für vitale Handelsbeziehungen.

Geschätztes Publikum, es ist mir eine große Freude, noch einmal zu euch zu sprechen. Ich will mich in erster Linie an jene von euch wenden, die denken, die vegane Revolution sei ein totalitäres Herrschaftsinstrument. Viele von euch fürchten sich vor einem grünen Totalitarismus, in dem ein paar wenige allen anderen vorschreiben, was sie tun sollen. Das Gegenteil ist der Fall: Die vegane Revolution bietet viel Raum, um persönliche Vorlieben zu entdecken und soziale Gewohnheiten und Zusammenkünfte wie einen Sonntagsbrunch oder ein Osterfest neu zu erfinden. Was die vegane Zukunft sein soll, schreibt uns niemand vor. Vielmehr werden wir sie gemeinsam definieren und zum Leben erwecken.

Wir Spioninnen und Spione sind zum Schluss gekommen, es gibt keine besseren oder schlechteren veganen Zukunftskonzepte. Es gibt nur ein Zusammenspiel, aus dem sich im Übrigen intensive Handelsbeziehungen ergeben. Die Inselporträts machten deutlich, warum keine Stadt Veganias sich komplett selbst versorgen kann, alle sind auf die Unterstützung der anderen Inseln angewiesen. Aber genau diese Unterschiedlichkeit wird es den karnivorischen Ländern erlauben, ihre eigene fleischbefreite Zukunft zu definieren. Wie in Vegania werden sich verschiedene Varianten der veganen Revolution herausbilden, wobei diese durchaus im Wettbewerb zueinander stehen dürfen. Für welches Konzept sich die Regionen Karnivorias entscheiden, wird von ihrer Infrastruktur, ihren ökonomischen Stärken sowie ihren geografischen und landwirtschaftlichen Voraussetzungen abhängen. Sie sollten anbauen, was ideal zur jeweiligen Bodenbeschaffenheit und Niederschlagssituation passt. Länder mit Wasserflächen sollten Algen und Salzpflanzen anbauen, landwirtschaftliche Kulturen auf Seen und Meeren planen. So wird es Karnivoria problemlos gelingen, seinen Land- und Wasserverbrauch zu minimieren.[353]

Um die wirtschaftlichen Strukturen Veganias besser zu verstehen, werde ich die Inseln kurz hinsichtlich ihrer Handelsbeziehungen vergleichen. Wie ihr erkannt habt, hätte Tenebrio die größten Probleme, eigenständig zu funktionieren. Eine Ernährung einzig durch Quallen, Jakobsmuscheln, Seegurken und Insekten wäre über die Zeit hinweg ebenso langweilig wie ungesund. Weiter fehlen in Tenebrio ohne Handel die Rohstoffe, um Kleider herzustellen. Das Garn von Muscheln und Spinnen ist aufwendig zu gewinnen, die Kleidung entsprechend teuer. Am anderen Ende der Unabhängigkeitsskala steht Chlorella. Tatsächlich kann die Wasserstadt mit Pflanzen alles selbst herstellen. Was zusätzlich für Chlorella spricht, sind die einfachen Verfahren, um Proteine zu gewinnen. Die Fabrikation ist weniger energieintensiv als jene der High Tech Islands, wo viel Solarenergie benötigt wird, um das künstliche Fleisch zu züchten. Auch Zirkula funktioniert unabhängig, zumal man sich bemüht, nichts wegzuwerfen und alle Kreisläufe zu schließen. Bei der Produktion von Lebensmitteln entstehen zahlreiche Nebenprodukte, welche die Stadt konsequent nutzt.

Einen Überblick über die Komplementarität der Inseln zeigt die Handelsmatrix Veganias, die ich nun im Hintergrund für euch aufschalte. Die Abbildung illustriert, welche Güter jede Stadt an die anderen liefert. Das ist für Karnivoria insofern aufschlussreich, als sich die starke Position Chlorellas etwas relativiert. Zwar ist die Stadt unabhängig, aber sie hat dafür vergleichsweise wenig Güter und Wissen, die für die anderen Städte interessant sind. Aus Sicht der Tierhaltung ist immerhin der Export von Rotalgen für die Fütterung der Wiederkäuer bemerkenswert, Rinder stoßen dadurch viel weniger Methan aus, einige sprechen von einer Reduktion um 82 Prozent.[354]

Tab. 5 Handelstabelle Veganias

	Chlorella liefert	High Tech Islands liefern	Tenebrio liefert	Zirkula liefert
an Chlorella		Gentechnologie, insbesondere CRISPR, Präzisions-landwirtschaft, Laborfleisch, Labore für den Check der Gesund-heitsdaten	Insektenkot und -hüllen als Dünger, Nützlinge als Ersatz für Pestizide	Fleisch, Dünger
an High Tech Islands	Algen für Nährlösung, Rohstoffe für die Her-stellung von Kleidung		Edeltextilien (Seide, Garn von Raupen und Muscheln)	Fleisch, Rohstoffe für Kleidung, Dünger, Psychologie der Nach-haltigkeit
an Tenebrio	Rohstoffe für die Herstellung von Kleidung	Laborfleisch, Recycling-Techno-logie für Kleider		Fleisch, Rohstoffe für Kleidung, Dünger
an Zirkula	Algen für Tierfütterung	Gentechnologie, insbesondere CRISPR, Präzisions-landwirtschaft, Pränatale Dia-gnostik, Plattformen für Foodwaste-Reduktion	Insektenfutter für Tierzucht, Edeltextilien (Seide, Garn von Raupen und Muscheln), Nützlinge als Ersatz für Pestizide	

So harmonisch, wie die Handelsmatrix vermuten lässt, geht es in Vegania aber nicht zu. Es gibt harte politische Auseinandersetzungen, die sich aus den Zielkonflikten einer veganen Zukunft ergeben. Karnivoria wird sich sehr rasch mit ihnen konfrontiert sehen. Positiv betrachtet, zeigen sie aus einer zweiten, nicht ökonomischen Perspektive, wie viel Freiräume die vegane Revolution bietet und wie falsch die Aussage ist, die vegane Zukunft sei totalitär. In der Folge möchte ich auf einige dieser Zielkonflikte kurz eingehen. Der erste, den ich ansprechen möchte, folgt aus der besseren Gesundheit durch einen geringeren Fleischkonsum. Die Bürgerinnen und Bürger Veganias essen vielfältiger, lassen ihre Gesundheitswerte regelmäßig überprüfen, kochen und kaufen bewusst ein. Nun aber steigert eine gesündere Ernährung die Lebenserwartung, was wiederum einen höheren Bedarf an Lebensmitteln nach sich zieht. Eine vegane Zukunft kann deshalb paradoxerweise mit einem höheren Ressourcenstress für den Planeten einhergehen.

Ein zweiter Konflikt ergibt sich aus der Lust, sich etwas Gutes zu tun, weil man kein oder weniger Fleisch isst. Weniger Tierleid steht hier in einem virtuellen Duell mit der Ökologie, ökologische Einsparungen durch weniger Fleisch- und Milchprodukte könnten durch andere Konsumakte überkompensiert werden. In Vegania spricht man von Rebound-Effekten. Zum Beispiel leistet man sich exotische Früchte oder Schokolade. Dummerweise gehen solche Belohnungen häufig mit einem hohen Wasserverbrauch und langen Transportwegen einher. Und wusstet ihr, dass Affen versklavt werden, um Kokosnüsse zu ernten? Unsere Studien zeigen, viele Bürgerinnen und Bürger kompensieren den Fleischverzicht zudem in anderen Lebensbereichen, etwa durch Urlaube. Wenn jemand kein Fleisch mehr isst, aber mehrfach pro Jahr einen Langstreckenflug antritt, ist das für die Ökobilanz des Planeten ein Problem, selbst wenn der Flug elektrifiziert ist. Noch hat Energie einen ökologischen Fußabdruck.

Ein dritter Zielkonflikt wurde gestern beim Studium von Zirkula sichtbar. Ihr wisst: Vegania hat sich verpflichtet, das Wohl seiner Nutztiere zu verbessern. Wer am Vorabendprogramm zum Kongress teilgenommen hat, weiß, wie streng das Parlament der Tiere kontrolliert, ob die Regeln eingehalten werden. Tatsächlich gibt es aber einige Entwicklungen, die der Vision zuwiderlaufen. Das größte Problem ist die Tierkriminalität. Durch illegales Fleisch haben sich für viele Nutztiere die Lebensbedingungen im Vergleich zu Karnivoria verschlechtert. Sie leben in Kellerkäfigen, auf engstem Raum, ohne Tageslicht. Die Polizei Veganias macht jeden Monat schreckliche Entdeckungen und versucht, das Übel einzudämmen. Allerdings geht dies mit einer massiven Überwachung von Mensch und Tier einher. Jedes Tier wird gechippt und ist, so betrachtet, doch nicht frei. Die Menschen sind ebenfalls nicht frei, weil ihre Ernährung durch Drohnen, Nanoroboter in ihren Blutbahnen, smarte Toiletten und künstliche Intelligenz kontrolliert wird. Ein anderes Problem ist die milliardenweise Tötung von Insekten, Quallen und Muscheln, denn Vegania weiß nicht mit Sicherheit, welche Form von Individualität, Bewusstsein und Schmerzempfinden diese Tiere haben. Lasst mich zuletzt ein viertes Spannungsfeld beleuchten. Zwar ist die vegane Union weltweit für ihre Start-up-Kultur bekannt. Sie hatte keine Wahl, als sehr schnell erfinderisch zu werden und in die unternehmerische Kultur sowie die Infrastruktur ihrer Städte zu investieren. Wir waren beeindruckt, wie viele Fachkräfte aus aller Welt Visa beantragen, um einige Monate in Vegania zu lernen oder zu arbeiten. Ausländisches Kapital fließt aus allen Kontinenten zu. Die Investoren antizipierten richtig, wie steil die Wachstumskurven verlaufen würden. Aber zur wirtschaftspolitischen Wahrheit Veganias gehört auch die staatliche Steuerung der Revolution. In diesem Punkt müssen wir ehrlich sein: Ganz von allein hat es das Kapital nicht gerichtet. Ohne die finanzielle Unterstützung der Städte Veganias hätte man weder die nötigen Fähigkeiten aufbauen können, noch wäre es gelungen, die Angst der Bauern und die Wut der Traditionalisten zu bändigen. Ohne den Staat wäre es auch unmöglich gewesen, die Investitionen in die vegane Infrastruktur zu tätigen – für Fermenter, Bioreaktoren, Gentechnologie, Aquakulturen und Datenkreisläufe.

Indem ich diese Spannungsfelder benenne, will ich zeigen, dass es bei der Gestaltung der veganen Zukunft viel Diskussionsbedarf gibt. Es ist ein Gestaltungspotenzial, das Karnivoria in demokratische Prozesse übersetzen sollte. Dass wir hier auf dem Kongress gemeinsam über unsere Zukunft entscheiden, ist für mich ein Zeichen für die Vitalität unserer Demokratie und zugleich ein Aufruf an die Bürgerinnen und Bürger, sich tatsächlich an dieser zu beteiligen. Wer von einer veganen Diktatur spricht, aber die Möglichkeiten nicht nutzt, sich politisch und unternehmerisch an der Gestaltung der Zukunft zu beteiligen, ist heuchlerisch. Im Übrigen sollten wir nicht vergessen, dass wir mit jeder Mahlzeit ein Votum für die Zukunft unseres Planeten abgeben.

Plädoyer 3: Die Revolution müssen wir gemeinsam stemmen

Der dritte Redner ist ein Spion, der vor allem in Zirkula gearbeitet hat, aber als einer der wenigen alle anderen Inseln ebenfalls besuchen konnte. Auf seiner Mission sollte er beobachten, wie die Städte Veganias das Changemanagement gestalten. In seinem Plädoyer wird er thematisieren, welches die Erfolgsfaktoren auf dem Weg von Karnivoria nach Vegania sind und wie dieser Wandel Spaß machen kann.

Ich will euch nichts vormachen. Wandel ist anstrengend, er löst Ängste und Proteste aus. Erinnert ihr euch an die Bauernproteste in Holland Anfang der 2020er Jahre? Sie setzten ein, als die Regierung Rutte beschlossen hatte, bis 2030 die Stickstoff- und Ammoniakausstöße um die Hälfte zu reduzieren. Die für diese Aufgabe eigens ernannte Stickstoff-Ministerin hatte durchgegriffen. Zu ihren unpopulären Maßnahmen gehörte das Höchsttempo 100 auf Autobahnen sowie eine 30-prozentige Reduktion der Nutztiere. Kritikerinnen und Kritiker rechneten vor: Ein Drittel der Betriebe muss aufgegeben werden.[355] Das passte nicht allen, die Bäuerinnen und Bauern waren aufgebracht. Die Wütenden kippten Misthaufen auf die Straßen, auf Autobahnen verbrannten sie Strohballen und Autoreifen. Mit ihren Traktoren blockierten sie die Zufahrten zu den Supermärkten. Als Symbole des Protests wehten umgekehrt aufgehängte Nationalflaggen. Was viele nicht wussten: Hinter den USA waren die Niederlande die weltweit zweitgrößte Exportnation für landwirtschaftliche Produkte.

Die Verankerung der Landwirtschaft in der Bevölkerung durch riesige Schlachthöfe und Hightech-Gewächshäuser bildete die Grundlage dafür, dass aus den Protesten die Bauern-Bürger-Bewegung hervorging, die sich aus dem Stand zur stärksten politischen Kraft in der Vertretung der Provinzen aufschwingen konnte.[356] Wer in der Landwirtschaft oder der Fischerei arbeitet, fühlt sich durch eine vegane Zukunft bedroht. Zum einen brechen die Subventionen auf Nutztiere weg. Zum anderen ist die Identität dieser Berufsgruppen stark mit Kühen, Schafen, Hühnern oder Fischen verbunden. Sollen sie den Wandel mittragen, brauchen sie Perspektiven, wobei ihre mächtige Lobby bereit sein muss, die Vergangenheit loszulassen. Das gelingt einfacher, wenn die Landwirte und Landwirtinnen Freiheiten erhalten, um den ausgerufenen Wandel mitzugestalten, ihr Einkommen in einer Übergangsphase abgesichert wird und sie Zugang zu finanziell zumutbaren Aus- und Weiterbildungen haben. Vegania schuf dafür ähnliche Strukturen wie in der Medizin. Alle landwirtschaftlichen Fachkräfte müssen jährliche Weiterbildungen absolvieren, sonst wird ihnen die Lizenz entzogen. Gleichzeitig subventioniert der Staat diese Bildungsangebote, um deren Preise zu senken.

Apropos Subventionen. Diese werden in Vegania direktdemokratisch vom Transformationsrat in Zusammenarbeit mit den Wählerinnen und Wählern verabschiedet. Ähnlich wie bei unserem Kongress entscheiden die Städte an der Urne, in welche Produkte, Produktionsprinzipien, technologischen Hilfsmittel und Start-ups sie investieren wollen. Jeden Herbst werden die Subventionsbudgets Veganias neu justiert. Über die Hälfte des Budgets entscheidet der Transformationsrat, über die andere wird online abgestimmt – wie beim Eurovision Song Contest. Die Forschungsprojekte und Start-ups, die das Volk in den live ausgetrahlten Shows am meisten überzeugen, erhalten am meisten Geld. Ähnlich groß wie beim ESC ist die öffentliche Aufmerksamkeit. Jeweils am 1. November gibt es ein großes Finale, in dem die Budgetposten vorgestellt und in einer großen Show live gewichtet werden. Es ist der Tag, an dem Vegania die Unabhängigkeit von Karnivoria feiert.

Trotz des Lobes für die demokratischen Prozesse Veganias will ich nicht verschweigen, dass es in einem veganen Karnivoria für Bäuerinnen und Bauern des alten Schlags keinen Platz mehr geben wird. Wie ihr in den letzten Tagen gespürt habt, sind die Bäuerinnen und Bauern Veganias technologisch versiert und datenaffin. Sie begeistern sich für volkswirtschaftlichen Wandel und treiben diesen durch neue Geschäftsmodelle an. Sie stoßen in neue Branchen vor und integrieren die neusten wissenschaftlichen Erkenntnisse in ihre Abläufe und Angebote. Vegania hat die Lehrpläne seiner landwirtschaftlichen Schulen radikal umgebaut und deren Aufnahmekriterien angepasst. Zu den Pflichtfächern der angehenden Landwirte und Landwirtinnen gehören Tierethik, Novelfood, Start-up-Kunde und Plattformmanagement. Trotzdem wusste Vegania, es würde nicht möglich sein, alle älteren und konservativen Landwirte zu Insektenzüchtern oder Stadtfarmern auszubilden – genauso wenig wie man im Zuge der digitalen Transformation die Kassiererinnen der Supermärkte zu Datenspezialistinnen umschulen konnte. Diesen Bauern bot Vegania als staatlicher Arbeitgeber neue Jobs an. Sie wurden zum Beispiel eingesetzt, um die biodiversen Parks zu pflegen oder alte Kulturpflanzen zu züchten.

Der Umbau des Agrarwesens ist für den Erfolg der veganen Revolution zentral. Aber er ist nicht der allein entscheidende Faktor. Genauso muss das künftige Karnivoria seine Supermärkte neu erfinden. Denn seine Einkaufsmacht verleiht dem Handel riesigen Einfluss auf die produzierten und konsumierten Lebensmittel. In Deutschland werden 70 Prozent der Lebensmittel von nur fünf Konzernen gesteuert.[357] Um zu zeigen, wie anders Vegania funktioniert, reicht eine einzige Zahl: 80 Prozent der Bürger:innen kaufen ihre Lebensmittel nicht im Supermarkt ein. Stattdessen beziehen sie diese über Abos direkt von einer Stadtfarm. Die meisten Bäuerinnen und Bauern schlossen sich genossenschaftlich organisierten Vertriebsketten an, um durch eine geteilte Infrastruktur die Kosten zu senken. Die Bestellung funktioniert zu 100 Prozent online, wobei die Digitalisierung der alltäglichen Einkäufe eine einwandfreie Qualität der Lebensmittel voraussetzt. Es darf keine unreifen Tomaten geben, keine faulen Salatblätter, keine eingeschlagenen Eier. Die Organisation der Lebensmittelverteilung über Abos verweist auf ein zusätzliches Spannungsfeld der veganen Revolution: Die Freiheit der Bauern geht mit etwas eingeschränkten Freiheiten der Konsumenten einher. Sie essen, was gerade gepflanzt wird.

Vegania ist, wie mein Vorredner ausgeführt hat, kein totalitäres Projekt, und es ist auch kein elitäres. Vegan zu kochen, mag aufwendiger sein, vielleicht muss man sich anfänglich informieren und inspirieren lassen – und gewiss muss man seine Gewohnheiten ändern. Aber teurer als Mahlzeiten mit Fleisch sind vegane Mahlzeiten nicht. In fast allen landwirtschaftsnahen Unternehmen Veganias gibt es Kundenräte, die Rückmeldungen und Verbesserungsvorschläge einbringen, und natürlich ist es jedem freigestellt, für welches Lebensmittelabo er sich entscheidet. Im künftigen Karnivoria werden wir selbst bestimmen, bei welchen Mahlzeiten und Restaurantbesuchen wir auf die Produktionsprinzipien Chlorellas, der High Tech Islands, Tenebrios oder Zirkulas setzen.

Bei meinen Erkundungen sind mir im Hinblick auf die Verantwortung der Konsumentinnen und Konsumenten zwei wichtige Dinge aufgefallen. Erstens ist die Involvierung der Kunden insofern eine diffizile Aufgabe, als unsere Essgewohnheiten etwas Persönliches, ja Intimes sind. Wir lassen uns nur ungerne von anderen und schon gar nicht vom Staat etwas vorschreiben. Ihr wisst selbst, wie ihr euch davor scheut, jemandem Einblick in euren Kühlschrank zu geben oder wie ungerne ihr eure Arbeitskollegen zuschauen lassen möchtet, wenn ihr an einem ganz durchschnittlichen Montagabend ein gewöhnliches Nachtessen zubereitet und dieses vor dem Multimediator verschlingt.[358] Ähnlich wie bei der Sexualität setzt Vegania auf Aufklärung. In all seinen Städten herrscht eine neue Diskurskultur, um offen darüber zu sprechen, warum wir wie essen, kochen und einkaufen. Karnivoria wird massiv gegen Vorurteile ankämpfen müssen – wie zum Beispiel, dass eine vegane Ernährung teuer und ungesünder ist als eine fleischlastige. Zweitens ist mir bewusst geworden, wie wichtig es ist, die Ernährung und Landwirtschaft bereits in der Grundschule zu thematisieren. In den 2010er Jahren führten einige Schulen Programmierunterricht ein, um den digitalen Wandel zu unterstützen, in Vegania wurde das Fach Ernährungskunde in den Lehrplan aufgenommen. In diesem lernen Jugendliche unter anderem die Grundlagen einer gesunden und ökologischen Ernährung sowie das kreative Kochen.

Nach unseren Erkundungen sind wir Spioninnen und Spione überzeugt: Eine vegane Revolution, die nicht in jahrelange Protestaktionen, in Terror oder eine Ökodiktatur münden soll, gelingt nicht ohne eine ökologische Bildung aller, nicht ohne Stärkung der Kochfähigkeiten, nicht ohne Skill Shift in den Unternehmen. Unmöglich ist die vegane Revolution auch ohne Wissenschaft, welche die Fakten über die vegane Revolution und die Nebenwirkungen der karnivorischen Ideologie sammelt, kommuniziert und in die politischen Debatten einbringt.[359] Eine Gesellschaft, in der Verschwörungstheorien kursieren und in der die Stellung der Wissenschaft geschwächt ist, wird große Probleme haben, ein neues Ernährungssystem einzuführen. Sie kann nicht darauf hoffen, dass man die Menschen mit rationalen Argumenten für eine Verhaltensveränderung gewinnt, die aus ökologischer Sicht keine Wahl, sondern Pflicht geworden ist.

Plädoyer 4:
Ohne neues Menschenbild keine vegane Revolution

Den Abschluss macht eine Spionin, die über die Menschen- und Tierbilder Veganias sprechen wird. Sie ist überzeugt: Eine vegane Revolution gelingt nur, wenn sich Karnivoria mit dem Sinn des Menschseins beschäftigt und anerkennt, dass der Mensch ein Tier ist, das seine Zukunft reflektieren und aktiv beeinflussen kann.

Liebe Gäste, lasst mich direkt zum Punkt kommen. Über allen Fragen, die wir in dieser Woche diskutiert haben, steht eine entscheidende Metafrage: Was ist der Mensch? Oder vielleicht noch präziser: Was soll der Mensch sein?

Beginnen wir mit einem Vergleich. Der Mensch ist ein Wesen mittlerer Intelligenz, ist nicht ganz Tier und nicht ganz Maschine. Dieses Dazwischen eröffnet ihm viel Spielraum, um selbst den Sinn seiner Existenz zu bestimmen. Weder ist unser Wesen vollständig durch Gene und Triebe bestimmt, noch verfügen wir über die Rechenkapazität, die erforderlich wäre, um das Universum in seiner ganzen Komplexität zu erfassen. Ich glaube, das verpflichtet uns, sorgfältig, liebevoll und weitsichtig mit Tieren als vermeintlich niederen Wesen umzugehen. Sind wir nicht verantwortlich für jene, die mit weniger Intelligenz und Zukunftssinn ausgestattet sind? Liegt ihre Sicherheit nicht in unserer Verantwortung, da wir die Gefahren besser erkennen können als sie? In ihrem *Manifest für die Tiere* schrieb die bekannte französische Philosophin Corine Pelluchon schon vor Jahren, das Verhältnis der Menschen zu den Tieren sei ein Spiegel ihrer Zivilisation.[360] In Karnivoria ist dieses Verhältnis von starken Abhängigkeiten geprägt, wobei nicht allen Karnivorierinnen und Karnivoriern bewusst ist, wie sehr ihre gesamte Kultur auf Nutztieren beruht.

Lange predigten die Archäologinnen und Archäologen, die Hochzivilisation der Menschheit beruhe darauf, dass die Menschen begonnen haben, Fleisch zu essen. Erst die Lebenskräfte der Tiere hätten ihnen ermöglicht, ihr Gehirn zu entwickeln. In Karnivoria hält sich der Irrglaube leider bis heute. Man glaubt, Menschen sind für immer und ewig Fleischfresser, die Natur, die Zähne würden es beweisen. Andere argumentieren gar mit der Bibel. Dort stehe, der Schwache esse nur Gemüse. Nur: Die Forschung hat sich von diesem Narrativ, dieser Ideologie längst verabschiedet.[361] Vegania hat sich längst von den Fleischtheorien emanzipiert und isst so, wie es für den Planeten und das Zusammenspiel der Arten am besten ist. Die Union sieht nicht den Fleischkonsum als Treiber des Zivilisationsprozesses, sondern die menschliche Kommunikationsfähigkeit und die Kulturtechniken des Kochens.[362] Deshalb bin ich zuversichtlich, dass menschliche Kulturen, die das Fleisch von Nutztieren aus Massenhaltung essen, bald als primitive Lebensform gelten werden. Es gibt keine zwingenden Gründe, Fleisch zu essen. Gleichzeitig gibt es unzählige ökologische und moralische Gründe, *kein* Fleisch zu essen.

Der Spiegel unserer Zivilisation zeigt ein Mensch-Tier-Verhältnis, das von Gewalt gekennzeichnet ist. Weder sind unsere Tiere frei, noch führen sie ein glückliches Leben. Wir müssten all diese Tiere nicht halten. Ohne sie würden wir nicht hungern und auch ihre Felle und Federn benötigen wir nicht. Ein Zoo ist genauso eine Huldigung der Vergangenheit wie ein Zirkus mit Tieren. Digitale Menschenmodelle sind hilfreicher geworden als analoge Tierversuche. Wir müssen noch nicht einmal Tiere halten oder jagen, um die Landschaft zu pflegen. Die Natur kann sich bestens selber helfen. Die neu enstehenden Wälder bieten wilden Tieren Zuflucht und wirken der Erderwärmung entgegen. Und nein, auch die Gefährdung des Bauernstands durch eine vegane Ernährung ist kein Argument für Fleisch. Das Berufsbild des Bauern hat sich über die Jahrhunderte stets verändert, im Westen pflügt niemand mehr seine Felder mit Pferden. Aus all diesen Gründen ist es an der Zeit, den Nutztieren mehr Rechte zuzusprechen, die Einhaltung dieser Rechte zu kontrollieren und Vergehen zu bestrafen. Ihr alle wisst: Karnivoria ist von einem solchen Schutz weit entfernt.[363]

168

Es gibt ein populäres Gedankenmodell, das zeigt, wie grauenhaft die Kultur Karnivorias ist, und das nicht zufällig die menschliche Fürsorge für die Tiere und für die Maschinen verbindet. Stellt euch eine Parallelwelt vor, in der Menschen als Nutztiere gehalten werden. Außerirdische stehen auf unser Fleisch, trinken unser Blut, verarbeiten unsere Haut zu Sitzen in ihren Raumschiffen. Unsere noch lebendigen Gehirne transplantieren sie in ihre Körper und missbrauchen sie als billige Computer. Unsere Schädel dienen als Kerzenhalter. Um die Rohstoffe unserer Körper zu gewinnen, sperren sie uns in Käfige. Die Menschen leben in Einzelhaft, damit sie sich nicht verbünden. Sie fristen ein kümmerliches Dasein in Boxen ohne Licht und Aussicht, die ihnen kaum Platz zum Drehen und Wenden geben. Die Außerirdischen halten die Menschen für schrecklich dumm. Fast alle männlichen Kinder werden kurz nach der Geburt getötet, die weiblichen dürfen zum Teil etwas länger leben, werden dann aber geschwängert – damit sie Milch geben. Ihre Kinder halten Väter und Mütter nie in Händen, sie werden ihnen gleich nach der Geburt abgenommen.[364]

Niemand von uns will in dieser Welt leben. Spinnen wir diesen Gedanken etwas weiter. Wie wir alle wissen, leben wir in einer Mensch-Maschinen-Gesellschaft. Künstliche Intelligenz stellt medizinische Diagnosen, designt die Welten von Videospielen und Metaversen. Sie legt unser Geld an, fährt für uns ins Weltall. Jeden Tag beobachtet sie uns und codiert unser Handeln. Sie sieht, wie wir mit unseren Tieren umgehen. Zu was für Erkenntnissen wird sie das führen? Was für ein Bild der Menschheit erhält sie? Wie verallgemeinert sie die Art und Weise, wie wir mit Wesen umgehen, die schwächer als wir sind?[365] Diese Fragen beschäftigen mich, weil wir als Menschen dafür verantwortlich sind, die künstliche Intelligenz zu erziehen. Wir sind ihr moralischer Kompass. Eines Tages könnte sie entscheiden, wer von uns weiterleben darf, wer sich wie an den Klimawandel anpassen muss und vielleicht sogar wer als Datensatz das ewige Leben erhält. Sie könnte uns eines Tages so halten, wie wir heute unsere Nutztiere halten. Werden uns die Maschinen, die aus uns hervorgehen, in ferner Zukunft besser behandeln als wir heute unsere Nutztiere?

Ich bin der festen Überzeugung, dass die vegane Revolution für die Menschen eine Chance darstellt, ihre Zivilisation weiterzuentwickeln. Sie animiert unseren Erfindergeist und regt den technologischen Fortschritt an. Genauso fördert sie unsere sozialen Kompetenzen, weil sie uns zwingt, liebevoller und demütiger mit Tieren umzugehen. Wir lernen, nachhaltig und langfristig zu denken, zum Beispiel über die Frage, wie wir die Qualität unserer Böden für künftige Generationen verbessern. Die vegane Revolution lehrt uns Bescheidenheit und ermutigt uns, unsere Macht nicht kurzsichtig für egoistische Zwecke einzusetzen. Der bevorstehende Umbau des globalen Ernährungssystems ist damit ein Test der sozialen Intelligenz unserer Zivilisation. Ist sie fähig, langsame und unsichtbare Gefahren abzuwenden, die nicht direkt und sofort das Wohl der Einzelnen tangieren? Nicht zuletzt animiert uns die vegane Revolution, über Sinn und Zweck technologischer Innovationen nachzudenken. Sie hilft uns, darüber nachzudenken, an was wir wirklich forschen sollten.

Der Wandel des Ernährungssystems zwingt uns global, Wissen zu teilen, das Wissen der Vergangenheit aufzubereiten, neue Erkenntnisse durch wissenschaftliche Methoden zu gewinnen und dieses für alle Kontinente verfügbar zu machen. Umgekehrt verstärkt jedes Jahr, das die Menschheit ungenutzt verstreichen lässt, die Gefahren der Fleischkultur: Pandemien, Ressourcenkämpfe, Klimamigration, Wetterextreme, abnehmende Bodenqualität, abnehmende Qualität der Nahrungsmittel. Ungelöst erhöhen diese Risiken die Wahrscheinlichkeit von Kriegen und von staatlichen Durchgriffen. Irgendwann wird es zu spät sein, um auf die partizipativen, aber langsamen Prozesse der Demokratie oder das unternehmerische Potenzial der Bürgerinnen und Bürger zu hoffen.

TEIL 4

The Future is now

The Future is now

Da wären wir wieder. Du und ich, dein Reisebegleiter. Wie wirst du entscheiden – jetzt wo du die Geschichte Veganias und die möglichen Zukünfte Karnivorias kennst?

Die Arbeit an diesem Buch ermöglichte mir nicht nur, in Themen einzutauchen, mit denen ich mich bisher kaum beschäftigt habe. Aus einer privaten Perspektive mindestens so wichtig war die persönliche Entwicklung. Zwar ernähre ich mich seit über zehn Jahren vegetarisch, mit Veganismus hatte ich mich aber kaum beschäftigt. Den veganen Lebensstil nahm ich als etwas Extremes wahr und ich sagte mir, solange für meine Ernährung und meine Kleidung kein Tier sterben muss, kann ich die Haltung von Nutztieren moralisch vertreten. Das änderte sich durch die Texte, die ich für dieses Buch gelesen habe. Zum einen war mir nicht bewusst, wie viele Legehennen und Milchkühe auch bei einem vegetarischen Lebensstil leiden. Für mich persönlich ist dies das Kernargument für eine vegane Zukunft. Kein Tier soll wegen mir sterben, kein Tier soll wegen mir leiden. Dieses Buch soll ihnen eine Stimme geben, ihnen, die sich nicht an der Politik beteiligen, sich außer durch Pandemien nicht wehren können. Immer schon waren die Tiere meine Freunde, ihre Nähe beruhigt und erdet mich. Sie ängstigen mich nicht wie die Menschen mit ihrer Machtgier, ihrer Kaltherzigkeit, ihrer Berechenbarkeit. Die Adoption von Hühnern aus einer Legehaltung und eines im Wald ausgesetzten Hasen zeigten mir deutlich: Ich will etwas ändern.

Zum anderen ist mir erst durch dieses Buch klar geworden, wie problematisch die heutige Landwirtschaft für unsere Umwelt ist. Sie ist weit davon entfernt, naturverträglich zu sein, verbraucht zu viel Platz und gefährdet die Ernährung künftiger Generationen. Doch die Macht des Fleischkomplexes ist ungebrochen. Die Landwirtschaft ist stark mit der konservativen Politik verbandelt, sie handelt angstgetrieben und kaum innovativ. Umdenken müssten aber nicht nur die Bäuer:innen und konservativen Politiker:innen, sondern auch die Gastronomie und die Supermärkte, die durch ihre Einkaufsmacht viel ändern könnten. Die Zeit für einen Systemwandel läuft uns davon. Mit jedem Tag wird die Situation gefährlicher und der Handlungsspielraum kleiner. Nach zwei Jahren Auseinandersetzung mit der Zukunft der Ernährung komme ich zum Schluss, dass es ohne massive Reduktion tierischer Proteine kein Szenario gibt, das nicht zu globalen Hungerproblemen, einer instabilen Ernährungslage, einer Polarisierung der Lebenserwartungen auch in westlichen Gesellschaften und einer vermehrten Interpretation von Lebensmitteln als Waffe führen würde.

Ein Grundproblem des heutigen Ernährungssystems ist, dass wir in Ländern wie der Schweiz, Deutschland und Österreich viel zu wenig für unsere Nahrungsmittel bezahlen. Gab man 1969 noch knapp ein Drittel für das Essen aus, sind es heute gerade noch etwas über sechs Prozent. Würden wir mehr bezahlen, stünde (zumindest theoretisch) mehr Geld für die Ökologie und das Tierwohl zur Verfügung. Problematisch ist überdies die unzureichende Thematisierung von Ernährung, Landwirtschaft und Tierwohl in Bildung, Politik und am Familientisch. Vor der Arbeit an diesem Buch war mir weder klar, wie desolat das globale Ernährungssystem zurzeit aufgestellt ist, noch welche Linderungen durch eine vegane Revolution möglich wären. Während die Politik zu feige ist, die Wahrheit zu benennen, treten die Unternehmen (zumindest in der Öffentlichkeit) so auf, als würde sie die vegane Revolution nicht oder nur am Rande tangieren. Kein Wunder kann sich die Fleischideologie problemlos am Leben halten.

In diesem Buch wollte ich, statt düstere Prognosen zu wiederholen, spielerisch zum Denken anregen. Ich wollte drei Dinge aufzeigen. *Erstens* befindet sich ein Ernährungssystem durch technologische und kulturelle Veränderungen seit jeher im Wandel. Dabei treten über die Zeit neue Bezugswissenschaften auf. Waren es im 19. Jahrhundert die Chemie und die Physik, werden es in Zukunft neben der Ökologie die IT sein. Es braucht wenig Mut, um zu behaupten, dass die Ernährung am Ende des 21. Jahrhunderts ganz anders aussehen wird als heute. *Zweitens* wollte ich dafür sensibilisieren, dass es für die Proteinwende verschiedene Varianten gibt. Persönlich liegt mir Chlorella am meisten am Herzen, weil hier sicher keine Tiere leiden müssen und weil es vermutlich diejenige Insel ist, die am umweltfreundlichsten ist. Doch natürlich hege ich auch Sympathien für die

Tiere Zirkulas und persönlich habe ich nichts dagegen, wenn jemand die Tiere nach ihrem natürlichen Tod essen will. Doch in der realen Zukunft wird sich nicht die Vision einer einzigen Insel durchsetzen. Vielmehr wird die Zukunft eine Kombination der Inseln sein. Aus ebendiesem Grund gibt es auch keinen wie auch immer zusammengesetzten Weltrat, der hinter verschlossenen Türen schon bestimmt hätte, was wir künftig essen werden. *Drittens* sind mit allen Inseln riesige Zukunftsmärkte verbunden. Sie sind deshalb so groß, weil wir keine andere Wahl haben, als unsere Essgewohnheiten neu zu designen, wobei die Veränderungen jedes Land dieser Welt treffen werden.

Wer vegan lebt, gehört heute zu einer Minderheit, zu einer Art Gegenkultur. Als Außenseiter:in muss man sich ständig gegen Vorurteile und subtile Formen der Gewalt wehren. Man wird gezwungen zu essen, was man eigentlich nicht möchte – im Restaurant, bei Freunden, am Familientisch. Um vegan zu essen, muss man sich exponieren, nachfragen, ablehnen. Das ist anstrengend, stärkt aber immerhin den Charakter. Und: die Zeiten werden sich ändern, in Großstädten ist die vegane Option schon selbstverständlich. Schon einmal führten die letzten Jahrzehnte zu einer spektakulären Umkehr einer Gegenkultur zum Mainstream. In den 1960er Jahren war kaum vorstellbar, dass einige Jahrzehnte später alle nutzen würden, was Steve Jobs und Bill Gates in ihren Garagen ersannen. Das macht mir Hoffnung.

TEIL 5

Das Vorabendprogramm: Geschichte, Gegenwart und Dysfunktionalitäten Karnivorias

Das Vorabendprogramm: Geschichte, Gegenwart und Dysfunktionalitäten Karnivorias

Der karnivorische Kongress entsprang nicht einfach einer Lust, plötzlich alles anders zu machen. Vielmehr war er das Ergebnis von vier Dysfunktionalitäten im globalen Ernährungssystem – die letztlich im perfekten Sturm mündeten. Als dein Reisebelgleiter freue ich mich, dir vor Kongressbeginn drei Referate zu den Hintergründen Karnivorias anbieten zu können. Indem sie dessen Auf- und Abstieg nachzeichnen, helfen sie dir, zu verstehen, warum sich Vegania schon vor Jahren unabhängig gemacht hat. Ebenso machen sie deutlich, welche Hindernisse und Widerstände Karnivoria auf dem Weg in eine vegane Zukunft antreffen wird.

Das erste Referat versorgt dich mit Zahlenmaterial zur Nutztierkultur Karnivorias. Weil ich schon lange in Vegania lebe, sind die Zahlen leider etwas veraltet und beziehen sich auf die frühen 2020er Jahre. Im zweiten Referat erzähle ich dir, wie Karnivoria entstanden ist. Du wirst sehen, die Ursprünge liegen weit zurück und sind im 19. Jahrhundert zu verorten. Schließlich werde ich über die Dysfunktionalitäten Karnivorias sprechen. Sie sind der Grund, warum wir uns ab morgen über die vegane Zukunft unterhalten werden.

Als Bühnenbild dient unser Parlament der Tiere. Für Vegania ist es ein bedeutsamer Ort. Um das Wohl der Tiere nie mehr zu vergessen, beschlossen wir eine radikale Änderung unserer Demokratie. Jede Gesetzesänderung Veganias muss vor dem Parlament der Tiere bestehen. In diesem sitzen Interessenvertreter:innen der wichtigsten Nutztiere der Vergangenheit und können ihr Veto einlegen.[366] Die Sitze wurden gemäß den Schlachtzahlen von 2019 verteilt. Die meisten Vertreter:innen erhielten die Hühner, gefolgt von den Schweinen, Puten, Enten, Kühen, Schafen, Gänse, Ziegen, Kaninchen, Pferden und Nerzen.[367] Eine Repräsentanz haben auch die Meerestiere – zum Beispiel Oktopusse und Seeigel – und zahlreiche Forschungstiere, zum Beispiel Mäuse und Affen. In den hinteren Reihen sitzen die Abgeordneten, die einige weniger bekannte Nutztiere vertreten: Frösche, Kamele, Hunde, Katzen, Murmeltiere, Singvögel, Alpakas und Silberfüchse.

Karnivoria in Zahlen

Sichtbare und unsichtbare Tiere

Herzlich willkommen im Vorabendprogramm des Zukunftskongresses Karnivorias. Wir werden uns in einem ersten Vortrag durch eine Fülle von Zahlen der Funktionsweise der Fleischstaaten annähern. Zugegeben, als Bürger Veganias weiß ich nicht, wie es sich heute in Karnivoria lebt. Weder kenne ich die Befindlichkeiten noch die Zahlen. Was ich euch dagegen bieten kann, ist ein Rückblick auf das Jahr 2023. Es war das letzte Jahr, das ich selbst noch in Karnivoria verbracht habe.

Beginnen wir mit einigen Zahlen zu den damaligen Beständen der Nutztiere, die für das heutige Vegania absurd hoch sind. In meiner damaligen Heimat, der Schweiz, lebten: 8,6 Millionen Menschen, 12,6 Millionen Hühner (davon 3,8 Millionen Legehennen), 1,5 Millionen Kühe, 1,4 Millionen Schweine und 400 000 Schafe. In Deutschland waren die Zahlen ähnlich. Pro Tag schlachtete man über zwei Millionen Nutztiere, in seinem Leben aß ein Deutscher zwei Rinder, dreißig Schweine und vierhundert Hühner. Während sich der Konsum von Hühnern seit 1985 verdoppelte, sank jener an Rindern und Schweinen.[368] Fleischgewohnheiten ändern sich. Global betrachtet waren die Zahlen noch eindrücklicher. Auf knapp 8 Milliarden Menschen kamen in den 2010er Jahren 1,5 Milliarden Rinder, 1,2 Milliarden Schafe und 28 Milliarden Hühner und anderes Geflügel, die zusammen dreimal schwerer waren als alle Wildvögel zusammen. Es gab auf dem Planeten also dreimal mehr Nutztiere als Menschen. Sie machten zusammen 60 Prozent der Biomasse aller Säugetiere aus und wogen 14-mal mehr als die gesamte Wildtierpopulation.[369]

Im Alltag waren alle diese Tiere unsichtbar. Ich erinnere mich, wie sich überall tierische Rohstoffe verbergen konnten: im Salat oder im Sandwich, aber auch im Leim, im Shampoo oder in einem Kleidungsstück. Richtig gut zu erkennen waren sie selten – anders als beim Fisch, der im Restaurant samt Augen, Skelett und Schuppen serviert wurde. Auch das Brathähnchen, das vor dem Supermarkt im eigenen Fett seine Runden drehte, ähnelte dem Huhn, das es einmal gewesen war. Doch bereits bei Würsten und Joghurts hatten sich die Körper verflüchtigt. Genauso unsichtbar waren die tierischen Rohstoffe in zahlreichen anderen Produkten – in Gummibärchen, Shampoos und Nagellack.

2023 existierte auf dem Planeten keine Menschengemeinschaft, die auf tierische Rohstoffe verzichtet hätte. Kühe, Schweine und Hühner wurden milliardenweise aufgezogen und geschlachtet. Am wichtigsten war ihr Beitrag für die Herstellung von Lebensmitteln – sei es in Form von Fleisch, Eiern, Eis, Milch, Quark oder Vollrahm. Was vom geschlachteten Tier nicht gegessen wurde, verarbeitete Karnivoria zu allerlei Dingen, Materialien und Hilfsstoffen. Die Anwendungen waren so vielfältig, dass kaum noch jemand den Überblick hatte. Selbst wer vegan lebte, sah sich mit einem anstrengenden Hindernisparcours konfrontiert. Wer konnte schon entziffern, was sich hinter den Abkürzungen auf den Packungen im Supermarkt verbarg? Wie sollte man sich vergewissern, ob sich Eier oder Milch im Brötchen befanden, das man beim Bäcker an der Ecke kaufte? Wurde im Restaurant tatsächlich vegan gekocht und enthielt die Zahnpasta wirklich keine tierischen Rohstoffe? Gewissheit bot einzig das V-Label, das auf immer mehr Produkten zu sehen war.

Die vegane Revolution verlangte deshalb von unseren Planer:innen, sich ebenso umfassend wie präzise mit den Produktionsprozessen Karnivorias zu beschäftigen. Sie mussten die Lücken erkennen, die der Verzicht auf tierische Produkte hinterlassen würde. Keineswegs waren sie nur materieller Natur. Die vegane Revolution umfasste weit mehr, als auf Fleisch und Leder zu verzichten. Für die einen standen die Nutztiere im Mittelpunkt ihres Berufs, andere verstanden sie als Investment, für wieder andere drehte sich das ganze Familienunternehmen oder gar der Landesstolz um sie. Mit anderen Worten: Die tierischen Rohstoffe konnten eine starke Symbolik entfalten. Menschen waren stolz, Käse und Schokolade in die Welt zu exportieren. An Ostern wollten sie Eier titschen, an Thanksgiving einen Truthahn stopfen, an Weihnachten dünn geschnittenes Kalb ins Fleischfondue tunken. Um diese Vielschichtigkeit der Nutztierkultur nachzuzeichnen, werde ich bei unserem Rundgang durch Karnivoria die materiellen, ökonomischen und kulturellen Schichten der Fleischstaaten freilegen.[370]

Als materielle Ressourcen prägten die Nutztiere die Tätigkeiten von Menschen und Maschinen in Forschung, Gastronomie, Industrie und Landwirtschaft. Aus wirtschaftlicher Sicht waren sie Arbeitskraft, Rohstoff, Kapital, Produkt und Investitionsobjekt. Auf der kulturellen Ebene beeinflussten sie neben dem Landschaftsbild gesellschaftliche Rituale, Ess- und Kleidungsgewohnheiten. Jedem ist klar, wie schnell die materielle und wie langsam die kulturelle Schicht zu verändern ist. Bestimmt werdet ihr an den Kongresstagen diese unterschiedlichen Ebenen in den Referaten wiedererkennen.

Tiere auf dem Grill

Ich erinnere mich, wie hemmungslos wir die Tiere in den Backofen und in die Bratpfanne legten. Am Wochenende traf man sich mit Freunden, um die zu Würsten verarbeiteten Schweine und Hühner vergnüglich auf den Grill zu werfen. Wie die Tiere gelebt und wie man sie getötet hatte, interessierte niemanden. Fleisch war ein Hobby – und man wollte sich mit mühsamen Fragen nicht die Party verderben.

Serbien und Montenegro als Europameister

Nicht alle Länder der Welt aßen gleich viel Fleisch. Gemäß den Archiven der Datenplattform Our World in Data hatte Hongkong 2020 mit 136 Kilogramm pro Jahr den höchsten Pro-Kopf-Konsum der Welt.[371] Das waren 364 Gramm pro Tag oder 121 Gramm pro Mahlzeit. Zu den »Extremländern« gehörten weiter die USA, Australien, die Mongolei und Argentinien.

Als in den 2010er-Jahren die ersten Pläne für die vegane Zukunft aufkamen, war der Fleischkonsum europaweit in Serbien und Montenegro am höchsten (101 Kilogramm) – danach folgten Spanien, Portugal und Weißrussland, Polen und Litauen. In Deutschland kamen gemäß den Datensammler:innen von Our World in Data im Jahr 2020 pro

Person 79 Kilogramm Fleisch auf den Tisch, in Österreich 78 und in der Schweiz 66 Kilogramm.[372] In allen deutschsprachigen Ländern aß ein Mensch also deutlich mehr als ein Kilogramm Fleisch pro Woche. Allerdings waren das Durchschnittswerte. Mit höherer Bildung und höherem Einkommen sank der Fleischkonsum, und das Fleisch mancher Tierarten war beliebter als das anderer. Wer glaubt, die Deutschen hätten nur das Edelste vom lokalen Hof gegessen, täuscht sich gewaltig. Knapp die Hälfte des Fleischkonsums entfiel auf Würste, weitere 8 Prozent auf Schinken.[373] Während Schinken durch »Klebetechnologien« aus Teilstücken zusammengesetzt sein konnte, fand sich in Würsten »Separatorenfleisch«, Reste, die man von den Knochen schabte. Die Herstellung von Naturdärmen in Deutschland war längst zu teuer, sie wurden aus Syrien, Ägypten, Afghanistan und China importiert.[374]

Tab. 6 Jährlicher Fleischkonsum pro Kopf in Deutschland (2019)

Schwein	42 kg
Geflügel	20 kg
Rind	15 kg
Fisch und Meerestiere	13 kg
Schafe und Ziegen	0,8 kg
Weitere Tiere	2 kg

In Deutschland dominierte der Konsum von Schweinen. Aber Geflügel, Kühe, Schafe und Ziegen wurden natürlich auch nicht verschmäht. Zum Konsum der Landtiere gesellten sich jährlich 13 Kilogramm Fisch, Garnelen, Oktopusse, Seeigel und andere Meerestiere. Hühner wurden mit Abstand am meisten geschlachtet, im Jahr 2020 starben weltweit 71 Milliarden.[375] Diese Zahlen hingen von Ernährungsgewohnheiten ab, die wiederum auf Pfadabhängigkeiten in der Landwirtschaft zurückgingen. In der Küche von Ländern, die Reis anbauten, spielten Enten eine viel größere Rolle als in Europa. Als Wasservögel passten sie perfekt in die Kultivierung der Reisfelder, die sie von Schädlingen und

Unkraut freihielten.[376] Überhaupt war es kulturell bedingt, welche Tiere in einem Land als Nutztiere gehalten und verkocht wurden. Während es für die meisten Europäer:innen unvorstellbar war, Hunde und Katzen zu essen, galt ihr Fleisch in anderen Regionen der Welt als Delikatesse. Aber auch in Europa kam Exotisches auf den Tisch. In Belgien, Frankreich und der Schweiz aß man Froschschenkel, wobei man drei Viertel davon aus Indonesien importierte.[377] In Graubünden verkochte man Murmeltiere. Das Fleisch, so hieß es, schmecke so, als würde man in eine Alm beißen: »grasig, krautig und duftig«.[378]

Auf Zypern servierte man Ambelopoulia, ein traditionelles Gericht, für das man mittels Leimfallen Singvögel wilderte. 2023 verkauften Restaurants eine Platte mit einem Dutzend Vögel für 40 bis 80 Euro. Pro Vogel erhielt ein Jäger etwa einen Euro, was das Traditionsgericht auch für Einheimische erschwinglich machte. Beobachter:innen schätzten das jährliche Marktvolumen auf 15 bis 50 Millionen Euro.[379] Die Gewohnheit hängt mit der Geografie der Insel zusammen. Fast die Hälfte aller Zugvögel aus Europa, Nordafrika und dem Mittleren Osten nutzt sie als Raststätte auf ihren Langstreckenflügen. Die Jagd reicht zurück in Zeiten, als es auf der trockenen Insel kaum leicht verfügbares Protein gab. Eigentlich hatte Zypern die Vogeljagd längst verboten, doch im Untergrund wucherten mafiöse Strukturen. Wer sie bekämpfte, musste mit Einschüchterung und Gewalt rechnen. Das Problem ging weit über Zypern hinaus, im Mittelmeerraum wurden jährlich 25 Millionen Singvögel gejagt.[380]

Eier zum Frühstück, Eier zum Backen

Vögel waren aber nicht nur Fleischlieferanten. Vor allem den Hühnern nahmen wir fast alle Eier weg. Ohne Zweifel waren sie ein tierisches Produkt, das 2023 selbstverständlich zum karnivorischen Alltag gehörte. Am meisten Eier verbrauchte China.[381] Pro Jahr und Individuum kamen 23 Kilogramm zusammen. Gerechnet mit einem Gewicht von 55 Gramm, lag der Pro-Kopf-Konsum bei sagenhaften 418 Eiern pro Jahr. Das war deutlich mehr, als ein hochgezüchtetes Legehuhn pro Jahr legen konnte (280 bis 320 Eier). Weitere Megakonsumenten waren Japan, Mexiko, Hongkong, Kuwait und Malaysia. In Europa wurden die meisten Eier in Russland (290), Dänemark, Luxemburg, Tschechien und Litauen verbraucht. Etwas weniger waren es in den DACH-Ländern (vergleiche Tabelle 7).

Karnivoria nutzte sie vielseitig – nicht nur für Spiegeleier, Rührei, Tiramisu, Mayonnaise, Eiscremes, Teigwaren und Torten. Verkocht in Zuckerwatte, Margarinen und Schokolade, waren sie beliebte Zusatzstoffe der Lebensmittelindustrie. Als Emulgatoren halfen sie, Flüssigkeiten stabil zu vermischen – zum Beispiel Öl und Wasser.[382] Obwohl in den Fabriken Karnivorias immer häufiger pflanzliche Ersatzstoffe zum Einsatz kamen, war es für Konsument:innen nicht zu erkennen, ob Sonnenblumen, Soja, Raps oder eben doch Eier als Emulgatoren gedient hatten. Auf den Verpackungen blieb von den tierischen Verbindungsstoffen nicht mehr als eine Buchstabenkombination übrig, zum Beispiel E 322 (Lecithin) oder E 1105 (Lysozym). Entsprechend schwer taten sich Statistiker:innen damit, den Konsum der verarbeiteten Eier zu beziffern. Das Bundesamt für Landwirtschaft schätzte, dass in der Schweiz etwa ein Viertel der Eier in verarbeiteter Form konsumiert wurde. Viele waren im Ausland gelegt worden. Wie Deutschland importierte man in den 2020er Jahren ein Drittel aller Eier. Im Ausland aber genossen die Hennen kaum Auslauf oder wurden in Käfigen gehalten, die hier längst verboten waren.[383]

Tab. 7 Jährlicher Eierkonsum pro Kopf

China	418
Russland	290
Österreich	267
Deutschland	204
Schweiz	195

Wo auch immer das Ei gelegt wurde, das Leben einer Legehenne war kurz und unangenehm. 2021 stammten fast zwei von drei deutschen Eiern von Hühnern mit Bodenhaltung ohne Auslauf.[384] Zwei Drittel der

Schweizer Hühner lebten in Betrieben mit 4000 bis 18000 Hennen, die Hälfte davon in Beständen von über 12000 Tieren.[385] Viel Zuwendung konnten sie hier nicht erwarten. Weder wurden sie gestreichelt noch konnten sie Würmer suchen. Die Bilder von aus industrieller Haltung geretteten Hennen zeigen, wie schlecht es ihnen in Gefangenschaft ging. Einen zweiten Geburtstag feierten sie nie. Legten sie nicht mehr die budgetierten Eier, wurden sie aussortiert. Eine Zweitverwendung als Fleischlieferant war nicht vorgesehen. Weil den Konsumenten das Suppenhuhn nicht mehr schmeckte, verarbeitete man die Vögel zu Biogas. Die Eierproduktion war noch aus einem anderen Grund mörderisch. Sie zog jährlich den Tod von Milliarden männlicher Küken nach sich. Ebenso grausam war die Qualfütterung von Gänsen, deren Leber als Foie gras serviert wurde. Immerhin: Als erstes Land der Welt hatte Deutschland 2022 das Kükentöten verboten.

Gestohlener Honig, geraubte Milch

Zu den beliebten Nahrungsmitteln Karnivorias mit tierischem Ursprung gehörten neben Fleisch und Eiern die Milchprodukte. In der Regel stammten sie von Kühen, hin und wieder von Schafen oder Ziegen, selten von Pferden. Die Kühe gehörten zum Landschaftsbild, in der Schweiz, meiner alten Heimat, waren Käse und Schokolade wichtige Genuss- und Symbolprodukte. Im Alpenland lebten in den 2020er Jahren 1,5 Millionen Kühe, knapp die Hälfte lieferte Milch. Umgerechnet auf die Bevölkerung waren das eine Kuh auf 6 und eine Milchkuh auf 13 Einwohner:innen.[386] Aufgrund dieser Zahlen hätte man ständig Kühe sehen müssen. Beim Einkaufen und Skifahren, beim Joggen und Minigolfen. Aber man sah sie nicht, weil viele, vor allem Kälber, ihr Leben im Stall verbrachten. Diese Kühe kannten weder die Sonne noch betraten sie jemals eine Wiese.[387]

2022 lebte die Hälfte der Schweizer Kühe im Anbindestall, ohne Freiheit sich zu bewegen.[388] In Deutschland lebten 11,5 Prozent der Milchkühe ganzjährig in Anbindehaltung, 60 Prozent verließen den Stall nie.[389] Ruhe, Wasser, Luft, Licht und Raum seien das Einzige, was eine Kuh brauche, sagten die Lobbyisten der Tierindustrie. Sie verteidigten ein altes tierungerechtes System voller Gewalt und missachteten die natürlichen Wünsche einer Kuh, zum Beispiel ihr Bedürfnis, zu spielen oder lange Strecken zu laufen. Sogar den Elektrozaun, der sie im Stall hinderte, am falschen Ort zu koten, wünschten sie sich zurück. Es gebe kein besseres System und dem Tier würde der Zaun »absolut keinen Schaden zufügen«.[390] Dass eine Stallhaltung nicht tiergerecht war, hatte die Wissenschaft längst gezeigt. Doch diese Erkenntnisse ignorierten die Bäuer:innen ebenso wie die konservativen Politiker:innen. Wer einmal beobachtet hat, wie eine freilaufende Kuh über die Wiese springt, der ahnt, welche Qualen ein gefangenes Rind erleidet und wie gebrochen seine Psyche sein muss.

Pro Jahr konsumierten Schweizer:innen 370 Liter Milch – in Form von Milch, Käse, Joghurt, Butter oder Quark. Schon damals war das Trinken von Milch längst außer Mode geraten. 2020 kauften Herr und Frau Schweizer 47 Liter Milch, 1950 waren es noch 233 Liter gewesen, in derselben Zeit hatte sich der Käsekonsum verdreifacht. 2020 entsprach der Anteil der getrunkenen Milch an der gesamten Milchmenge 10 Prozent, fast die Hälfte der verarbeiteten Milch entfiel auf Käse.[391] 2022 aßen Schweizer:innen so viele Käse wie nie: 23,2 Kilogramm. Das waren 446 Gramm pro Woche oder 63 Gramm pro Tag. Auf Butter entfielen 14 Prozent und auf Quark, Rahm und Joghurt 12,5 Prozent der verarbeiteten Milch.[392] Diese Zahlen verbergen, wie aufwendig die Herstellung der Milchprodukte für die Tiere war. Um ein Kilo Käse herzustellen, benötigt man etwa zehn Liter Milch – was der Hälfte der täglichen Produktionsmenge einer Kuh entspricht.[393] Noch mehr Milch verschlang die Butterproduktion. Für ein Kilo rechnet man mit 21 bis 25 Liter Milch.

Kühe stellen sie nur her, wenn sie schwanger sind. Die forcierte Besamung blendete aus, wer Mozzarella auf der Pizza, Parmesan auf der Pasta oder Schlagsahne zur Sachertorte genoss. Neben der Milch und den Freiheiten nahm man den Kühen ihre Kinder und Freundschaften. Weil Kühe soziale Wesen sind, die enge und lebenslange Freundschaften eingehen, ist jeder Abgang einer Kollegin für die zurückbleibenden Artgenossinnen ein traumatisches Erlebnis.[394] Selbstverständlich galt bei den Kühen wie bei den Hennen: Wer nicht lieferte, wurde ausgemustert. Die natürliche Lebensdauer einer Kuh beträgt 20 bis 25 Jahre, doch die auf Hochleistung gezüchteten und in Gefangenschaft gehaltenen Tiere brachten es gerade noch auf fünf.[395] 90 Prozent der Schweizer Kälber wurden im Alter von 110 bis 210 Tagen geschlachtet, in einigen Ländern war es erlaubt, die Kälber sofort nach der Geburt zu töten.[396]

Ebenso beraubt wurden die fleißigen Bienen. Kritiker:innen monieren nicht nur, dass die Imker:innen für ihre Arbeit nicht entschädigt werden, sondern auch dass die Honigproduktion auf monokulturellen und intensiven Nutztierverhältnissen beruht. Die Honigbiene ist zumindest in der Schweizer Natur fast ausgestorben.[397] Seit Jahrzehnten macht sich »Freethebees« für die Wiederansiedlung wilder Völker stark, damit sich diese stetig an die Umweltveränderungen anpassen können. In Deutschland betrug der Selbstversorgungsgrad von Honig übrigens je nach Erntejahr lediglich zwischen 20 und 30 Prozent, in der Schweiz war es etwa ein Drittel. Aufgrund dieser Knappheiten war Honig eines der Lebensmittel, das am häufigsten gefälscht wurde.[398]

Daunen, Leder und Wolle

Karnivoria hielt die Nutztiere nicht nur, um sich zu ernähren. Auch die Textilindustrie brauchte tierische Rohstoffe, zum Beispiel um kuschelige Daunenjacken herzustellen. Die geernteten Daunen sind das Federkleid, das Enten und Gänsen als isolierende Unterwäsche dient.[399] Karnivoria wollte von diesem Wärmeeffekt ebenfalls profitieren. Deshalb füllte man neben Jacken Kissen, Decken und Schlafsäcke damit auf. Der Bedarf war enorm: In einer gut gefüllten Winterdecke steckten die Daunen von rund 30 Gänsen.[400]

Gemäß Verband der Daunen- und Federnindustrie (VDFI) importierte Deutschland damals jährlich 10 000 Tonnen Daunen und Federn. Mit dem überwiegenden Anteil produzierte man Bettwaren. Zusätzliche 4000 Tonnen Federn und Daunen passierten in bereits abgefüllten Kissen und Decken die Grenzen. Drei Viertel der Importe stammten vom Federkleid der Enten, den Rest nahm man von den Gänsen. 75 bis

80 Prozent stammten aus Ostasien und China, wo keine Lebendrupf-verbote galten.[401] In einem Gänseleben konnte dieses Rupfen viermal vorkommen. Offene Wunden wurden ohne Betäubung mit Küchengarn zugenäht.[402] Elterntiere, die der Zucht von Nachwuchs dienten, muss-ten die Entfederung über ein Dutzend Mal über sich ergehen lassen. Auch in der EU ließ eine Gesetzeslücke die Gänse leiden. Befanden sich die Tiere in der Mauser, durften lose Daunen und Federn herausge-kämmt werden. Aber natürlich wechselten nicht alle Vögel gleichzeitig ihr Federkleid. In Großbetrieben riss man allzu oft unreife, durchblute-te Federn aus der Haut.[403]

Nach Fleisch waren die Tierhäute das wichtigste Produkt der Schlachthäuser.[404] Kaum erstaunlich war der brasilianische Fleischkon-zern JBS gleichzeitig das größte Schlachthaus und der größte Lederpro-duzent der Welt. 2021 erzielte er einen Umsatz von 65 Milliarden Dol-lar, was etwa der Hälfte von Meta entsprach (117 Milliarden Dollar, 2021).[405] Zwei Drittel des Leders stammten von Kühen und Büffeln, ebenfalls häufig verarbeitete Karnivoria die Häute von Schafen, Schwei-nen und Ziegen. Wer es exquisit mochte, kleidete sich mit den Häuten von Krokodilen, Zebras, Schlangen oder Pandolinen.[406] Für ihre Arm-bänder tötete die Uhrenindustrie Krokodile, Haie und Pythons.

Ledermeister China

In China existierte ein großer Markt für die Häute von Katzen und Hunden – PETA schätzte die Zahl der Opfer auf jährlich zwei Millio-nen.[407] Überhaupt war die Volksrepublik der größte Lederproduzent (und zugleich Lederkonsument) weltweit. Gemäß Daten des Internatio-nal Council of Tanners produzierte sie jährlich 554 Quadratkilometer Leder – was etwa der Fläche von Madrid entspricht (607 Quadratkilo-meter). Weitere führende Lederproduzenten waren Brasilien und Russ-land.[408] Es fällt auf: Die wichtigsten Exporteure von Tierhäuten waren häufig Autokratien. Wenn schon die Menschen in diesen Ländern unter dem Joch der Diktatur zu leiden hatten, möchte man lieber nicht wis-sen, wie es den Tieren ging. Selbst das Label »Made in Italy« konnte das Gewissen nicht beruhigen. Zwar gab es an, in welchem Land das Leder zum Endprodukt zusammengefügt wurde, aber es sagte nichts über die Herkunft und das Leben der geschlachteten Tiere aus.[409]

Gewiss, aus ökologischer Sicht hatte Leder einige Vorzüge. Wie die Daunen war es ein natürlicher Rohstoff, der lange haltbar ist. Doch für das Gerben eines Quadratmeters Leder benötigte man 500 Liter Wasser. In der Verarbeitung und beim Färben kamen die Häute mit zahlreichen Chemikalien in Berührung. Ganz so natürlich, wie man zunächst meinen konnte, waren die Tierhäute deshalb nicht. Laut PETA wurden sie fast immer mit Chrom behandelt, das biologisch nur schwer abbaubar ist und die Gesundheit der involvierten Arbeiter:innen bedroht.[410] Schon damals war Leder nicht nur deswegen umstritten. Die Lederfreund:innen argumentierten, die Häute seien wertvolle Abfälle der Fleischindustrie, die zum Entsorgen zu schade seien. Dagegen entgegneten die Kritiker:innen, das Schlachten würde durch Zusatzprofite überhaupt erst rentabel.[411]

Wir sollten die Schafe nicht vergessen, die uns damals fürstlich mit Wolle versorgten. In Deutschland lebten 1,9 Millionen.[412] 14 Prozent von ihnen durften in Biobetrieben leben, vielleicht als Lohn für ihre Mitwirkung in der Landschaftspflege, wo sie schonender als Maschinen arbeiteten. Jedenfalls war der Bioanteil höher als bei Schweinen und Rindern. Einzig den Ziegen ging es noch besser.[413] In der Schweiz entstand jährlich fast eine Million Tonne Rohwolle. Doch die Verwertung war schwierig, der Marktpreis für ein Kilogramm Wolle sank jedes Jahr und machte in den 2020er Jahren maximal zwei Prozent der Umsätze aus dem Schaf aus.[414] Überhaupt war der Anteil natürlicher Fasern an der gesamten Textilproduktion in Karnivoria gering. Er betrug nur knapp ein Drittel. Auf die Wolle von Schafen, Ziegen (Kaschmir!), Alpakas, Vikunjas und Kaninchen (Angora!) kamen wenige Prozente. Bei den Naturfasern dominierte ein pflanzlicher Rohstoff: die Baumwolle. Mit großem Abstand folgten Jute und Kokos.[415]

Aus Sicht der Kreislaufwirtschaft ist die Verwendung von Schafwolle ein interessantes Thema. Weil sie der Mensch so gezüchtet hat, muss man die Schafe scheren. Wer es nicht tut, lässt seine Tiere unter Hitze und dem hohen Gewicht der Wolle leiden. Zudem bieten lange Haare

190

ein ideales Milieu für Zecken und Milben. Aus Sicht einer Kreislaufwirtschaft macht es deshalb keinen Sinn, die Haare nicht zu verwenden. Karnivoria wob Teppiche und Decken, einfallsreiche Karniviorier:innen funktionierten sie zu kühlenden Füll- und Dämmmaterialen um. Weniger bekannt war das Nebenprodukt Lanolin, das beim Waschen der Wolle anfiel. Lanolin ist ein Sekret aus den Talgdrüsen, das die Tiere vor schlechter Witterung schützt und in seiner Zusammensetzung dem Lipidfilm der menschlichen Haut gleicht. Schon im Altertum nutzte man es für die Wundpflege. Entsprechend gab man Lanolin in Salben, Baby- und Pflegecremes bei. In Vitamin-D_3-Präparaten und Lederpflegeprodukten fand Lanolin ebenfalls Verwendung.[416]

18 Millionen tote Nerze

Ein wichtiges Element in der Kleidung der Karnivorier:innen fehlt noch: der Pelz. Verarbeitet wurden die Felle von Füchsen, Mardern, Chinchillas, Waschbären, Leoparden, Hunden und Katzen. Es gab Zeiten, da waren die Menschen so gierig nach Pelzen, dass sie einige Tiere fast ausgerottet hätten, zum Beispiel die Biber. In Europa außer Mode geraten, wurde Pelz in den 2020er Jahren insbesondere noch in China, Russland und Südkorea getragen.[417] Doch die Covid-19-Pandemie brachte das Thema zurück in die europäischen Medien. Aus Angst vor Virusmutationen ließ die dänische Premierministerin im November 2020 18 Millionen Nerze keulen.[418] Erstaunt erfuhr die Welt: Dänemark war Exportweltmeister von Nerzfellen. Auf der Halbinsel lebten dreimal mehr Marder als Menschen – in Käfigen von 20 mal 50 Zentimetern. Nachdem alle Nerze getötet worden waren, fuhr man die Produktion im Herbst 2022 wieder hoch.[419]

Für Reviertiere, die im Wasser jagen und schwimmen, gut klettern und sich in Baumhöhlen verstecken, muss die Haft ein Horror gewesen sein.[420] Kein Wunder provozierte die artungerechte Gefangenschaft der Mardertiere Verhaltensstörungen. Die Nerze wiederholten sinnlose Bewegungsabläufe, liefen mechanisch hin und her, bissen sich in die Schwänze. Zu Fehlverhalten kam es auch bei anderen Zuchttieren. Bis zur Hälfte der Füchse in Gefangenschaft hatten Fehlgeburten. Sie töteten ihre Kinder und zeigten ein ausgeprägtes Angstverhalten gegenüber Menschen.[421] Es war ein schmutziges Geschäft, über das man wenig Zahlen findet. Eine Ausnahme ist Finnland, der europäische Marktführer für Fuchsfelle und global die Nummer 2 hinter China. Fifur, der finnische Verband der Pelzzüchter:innen, veröffentlichte jährlich einen ausführlichen Geschäftsbericht.

Diesem kann man entnehmen, dass es in Finnland im Jahr 2021 700 offizielle Betriebe der Pelzproduktion gab. Zusammen exportierten sie Produkte im Wert von 362 Millionen Euro. Das Geschäft war rückläufig.[422] Wenige Jahre zuvor hatte die Branche noch 810 Millionen erwirtschaftet. Für die Millionen mussten Millionen Tiere ihr Leben hergeben. 2015 gingen die Umsätze auf 92 Millionen Nerze und 17 Millionen Füchse zurück.[423] Den Millionen Leben stand ihr geringer Geldwert gegenüber. Das Leben eines Silberfuchses war 2021 weniger als 42 Euro wert, jenes eines Nerzes nicht einmal 16 Euro. Vor dem Preisverfall hatten Abnehmer 2013 für ein Nerzleben noch 66 Euro bezahlt. Die ganze Perversion der Fellproduktion zeigte sich beim Frettchen. 2014 war dessen Leben noch gerade 2 Euro wert. Danach war mit einem Frettchen offenbar nicht mehr genug zu verdienen.[424]

Forschungstiere, Ersatzorgane und Medikamente

Karnivoria brauchte die Tiere auch für die Wissenschaft. Laut Bundesamt für Lebensmittelsicherheit und Veterinärwesen (BLV) wurden in der Schweiz 2021 eine halbe Million Versuchstiere »eingesetzt«.[425] Zwar nahm diese Zahl seit den 1980er Jahren kontinuierlich ab, allerdings wurden in den Experimenten der letzten Jahrzehnte häufiger Tiere »schwer belastet«. 25 752 Tiere mussten »starke Schmerzen« erdulden, »andauerndes Leiden«, »schwere Angst« oder eine schwere Beeinträchtigung ihres Allgemeinbefindens ertragen. Beispielsweise implantierte man ihnen einen bösartigen Tumor.

Im 19. Jahrhundert dominierte die Forschung mit Fröschen, später wurden andere Tiere bevorzugt. Vor meiner Auswanderung nach Vegania wurden Mäuse am häufigsten eingesetzt, danach folgten Geflügel, Vögel, Ratten und Fische.[426] Diese Zusammenstellung ist interessant, weil Tiere auftauchen, die beim bisherigen Rundgang durch Karnivoria noch keine Rolle gespielt haben. Viele davon starben bereits während der Versuche. Nager, die man in der Wissenschaft nicht mehr benötigte, landeten als Futtertiere in Zoos und Wildparks. Immerhin gab es Bestrebungen, die Anzahl der Forschungstiere durch Plattformen wie Animatch zu reduzieren. Sie halfen Forscher:innen, nicht verwendete Organe oder ausrangierte Tiere gemeinsam zu nutzen. Größere Tiere wie Hunde wurden mehrmals eingesetzt, vorausgesetzt sie hatten sich vollständig von den Qualen erholt. Andernfalls versuchte man, sie mithilfe von Tierschutzorganisationen wie »Hilfe für Labortiere Berlin« zu vermitteln.[427]

Tab. 8 Schweizer Tierversuch-Statistik (Anzahl Tiere) 2021

Mäuse	369436
Vögel (inkl. Geflügel)	74629
Ratten	49976
Fische	34450
Amphibien, Reptilien	16210
Rindvieh	9891
Schweine	4538
Schafe, Ziegen	3965
Hunde	3045
Diverse Säuger	2533
Pferde, Esel	2306
Wirbellose	1268
Kaninchen	1256
Meerschweinchen	392
Katzen	301
Primaten	245
Hamster	137
Andere Nager	95

Die Forschung mit Tieren diente mehrheitlich der Medizin, Einsätze für die Herstellung von Kosmetika hatte Deutschland bereits 1998 verboten.[428] Ziel der Versuche war es, Krankheiten besser zu verstehen und erfolgreicher zu behandeln. Das Leid der Tiere hatte den Sinn, das Leid der Menschen zu verringern und deren Sterben hinauszuzögern. Insbesondere wollten Forscher:innen schwere und komplexe Erkrankungen wie Krebs, Epilepsie, Alzheimer, Multiple Sklerose sowie Organtransplantationen und Infektionskrankheiten erforschen.[429] Eine zweite medizinische Verwendung der Tiere ergab sich zu Beginn des 21. Jahrhunderts durch die aufstrebenden Xenotransplantationen. Weil es zu wenig Spenden von menschlichen Organen gab, setzten Ärzt:innen Organe aus Schweinen in defekte Menschenkörper ein. 2022 war es US-Forscher:innen erstmals gelungen, ein genverändertes Schweineherz zu verpflanzen.[430] Das Herz hielt zwei Monate durch, danach starb der Patient an einem Virus, das die Ärzt:innen vor der Transplantation übersehen hatten.

Es gab noch einen dritten Bereich, wo die Tiere in der Medizin eine Rolle spielten: in der Herstellung von Medikamenten. Mit den Bauchspeicheldrüsen von Schweinen und Rindern gewann man Pankreatin, das Verdauungsprobleme lindert. Gegen Arthrose hilft Chondroitin-Sulfat, das man aus den Knorpeln von Rindern, Schweinen und Hühnern isolierte.[431] Mit dem aus Fett gewonnen Glycerin behandelten Ärzt:innen Hirnschwellungen und lösten Abführungen aus. Mit Rindergehirnen konnte man Vitamin D_3 herstellen und mit Kälberblut produzierte man Wirkstoffe für die Wundheilung innerer Organe. Aus dem Darmschleim der Schweine extrahierte man Heparin-Moleküle, die zu Blutverdünnern wurden, um Gerinnsel und Thrombosen zu vermeiden.[432]

Das ganze Tier: Schlachtabfälle

Rund zwei Drittel eines geschlachteten Tieres waren Schlachtabfälle oder, wie man in der Branche sagt, »Nebenprodukte«. Es war ein rentables Geschäft, 2021 erwirtschaftete Centravo, die größte Schweizer Fleischverwertungsfabrik, einen Umsatz von 247 Millionen Franken. Die Hälfte des Umsatzes machte der Verkauf von Fetten und Margarinen aus.[433] Entsprechend hob man im Geschäftsbericht die »starke Performance« im Backwarenmarkt hervor. Anders gesagt: Wer in Karnivoria in die Konditorei ging, genoss öfters das Fett toter Tiere.[434]

Es gab noch andere Kuriosa: Seit dem Freihandelsabkommen zwischen der Schweiz und China vom Juni 2019 durften Schweizer Fleischverarbeiter Ohren, Füße, Schwänze und Schnauzen von Schweinen nach China exportieren. Die Importnachfrage stieg steil an, nachdem dort die afrikanische Schweinepest gewütet hatte. Es ließen sich viele weitere Abfälle vergolden. Aus Schweineschwarten entstand Kollagen für Kosmetika. Tätowierer:innen machten ihre ersten Stiche auf Schweinehäuten, Bäckereien nutzten die aus Schweineborsten gewonnene Aminosäure L-Cystein, um Mehl einfacher zu kneten. Aus dem Wasser, in dem man die Schweinedärme brühte, gewann man Fette für Kerzen und Seifen. Die Liste der Produkte, in denen sich Tierreste befinden konnten, war unendlich lang. Sie versteckten sich in Zigarettenfiltern, Badekugeln, im Papier von Puzzles und Brettspielen, in Zahnpasten, Gummibärchen, Farben, Nahrungsergänzungsmitteln, in Waschpulver, Schleifpapier, Streichholzköpfen, Fotopapieren, Autolacken, Bodylotion, Kinderwachsfarben, Kaugummi, sauren Zungen und Blumendünger.[435] Selbst in LCD-Bildschirmen konnte Schwein drin sein.

Um die Verwertung von Schlachtabfällen kontrollieren zu können, führte die Branche zusammen mit der Politik drei Kategorien von Nebenprodukten mit jeweils anderer Gefährdungslage für die menschliche Gesundheit ein. Zur Kategorie K3 mit dem geringsten Risiko gehörten Abfälle ohne Krankheitsrisiko, die aber nicht für den Verzehr geeignet waren, zum Beispiel die Füße, das Herz, das Blut, die Nieren oder das Leistenfleisch. Bei einem Rind machten die K3-Nebenprodukte 15 Prozent des Schlachtkörpers aus. Karnivoria verarbeitete sie vorwiegend zu Heimtierfutter. Im Falle von Centravo machte das Futter für Katzen und Hunde knapp vier Prozent des Umsatzes aus.[436] Es brauchte viel davon. In Deutschland lebte in fast jedem zweiten Haushalt ein Haustier und in jedem vierten eine Katze (15,7 Millionen), in der Schweiz waren es 1,7 Millionen Katzen und 0,5 Millionen Hunde. Selbstverständlich genossen diese Tiere einen ganz anderen Status als die in Hallen gehaltenen Kühe, Schweine und Hühner. Man scheute weder Kosten noch Mühe, um ihre Gesundheit zu erhalten. Künstliches Hüftgelenk, Zahnsteinentfernung, Chemo- und Strahlentherapie, ein Besuch bei der Haustierdermatologin oder beim Katzenpsychiater – alles war drin.[437]

Den deutschen Markt für Tierfutter bezifferte der Industrieverband des Heimtierbedarfs im Jahr 2021 mit einem jährlichen Umsatz von 1,7 Milliarden Euro. Für Haustierbesitzer:innen war allerdings kaum zu erkennen, was man genau kaufte. Sie wussten nicht, was sie an Coco und Lulu verfütterten, und schon gar nicht, unter welchen Umständen die Schlachttiere gelebt hatten. Die tatsächlichen Fleischanteile in einer Dose Katzenfutter waren unterschiedlich, gesetzlich notwendig waren nicht mehr als vier Prozent, wobei das Fleisch von jedem beliebigen Tier stammen konnte. Ich erinnere mich an Dosen mit Känguru, Rind, Fasan, Lachs oder Truthahn. Verwendet wurden allerlei Körperteile: Muskelfleisch, aber auch Schlund, Herz, Lunge, Leber, Niere, Milz, Euter, Hoden, Hühnerhälse und geputzte Mägen. »Fleisch und tierische Nebenerzeugnisse« durfte eigentlich alles genannt werden: Knorpel, Zwerchfell, Tiermehl, Knochenmehl, Gelatine, Hufe, Haare, Hörner.[438]

Schlachtabfälle als Stützen veralteter Infrastruktur

Die gefährlichere Risikogruppe K2 umfasst Stoffwechselprodukte (Magen-Darm-Inhalt, Kot und Urin) sowie Schlachttierkörper, die in der Kontrolle als gesundheitsschädigend befunden wurden. Sie machten erneut 15 Prozent des geschlachteten Körpers aus und dienten unter anderem der Produktion von Biogas. Gärrückstände wurden in Düngemittel verwandelt.

Zur Risikogruppe K1 schließlich gehörten die gesundheitsgefährdenden Reste, zum Beispiel die Schädel ohne Unterkiefer, das Gehirn, die Augen und das Rückenmark.[439] Sie mussten sterilisiert werden und machten weitere 12 Prozent aus, womit sich die Nebenprodukte des geschlachteten Tiers auf 42 Prozent summierten. Diese Prozentzahl zeigt, wie ineffizient die Produktion von Nahrungsmitteln über den Umweg der Tierkörper war. Nur knapp über die Hälfte der umständlich ernährten und aufgezogenen Nutztiere landete auf dem Teller. Immerhin wurden die K1-Abfälle zu Mehlen und Fetten verarbeitet. Beide K1-Rohstoffe dienten als Brennstoffe und wurden somit auf der »geringstmöglichen Verwertungsstufe« genutzt. Die Verwertungsqualität ist deshalb so gering, weil die Materialien nicht im Kreislauf blieben, sondern verbrannt wurden. Aus Sicht einer Kreislaufwirtschaft ist das Verbrennen stets die schlechteste Variante, weil die Rohstoffe für immer verschwinden.[440]

Interessanterweise unterstützten die Schlachtabfälle zwei andere Systeme, von denen 2023 längst klar war, dass sie das Jahrhundert nicht überstehen würden. K1-Mehle gelangten in die Zementöfen, die neben Fleisch eine zweite Umweltsünde Karnivorias darstellen. Zement war damals für acht Prozent der weltweiten CO_2-Emissionen verantwortlich, wobei die Schweiz (mit 584 Kilogramm pro Person pro Jahr), Österreich und Deutschland zu den größten Zementverbrauchern der Welt gehörten.[441] Aus den K1-Fetten wiederum wurde Biodiesel, Centravo tankte seine Lastwagen damit. Es waren nicht die einzigen Fahrzeuge, die danach gierten. Weil sich Karnivoria so schnell wie möglich von Erdölprodukten unabhängig machen wollte, stieg die Nachfrage nach alternativen Treibstoffen.[442] Die Biotreibstoffe waren ein gefragtes Gut, obwohl sie ein zweites aus der Zeit fallendes System am Leben erhielten. 2023 war das Ende des Verbrennungsmotors klar am Horizont erkennbar.

Wer etwas größer dachte, dem war klar, warum selbst die Elektroautos keine nachhaltige Lösung sein würden. Zum einen war es energie- und rohstoffintensiv, ein Auto zu besitzen. Zudem verschlechterten die Autos die Lebensqualität der Städte und bedrohten das Leben von Kindern und Tieren. Zum anderen beanspruchten sie durch Straßen, Parkplätze, Parkhäuser, Garagen und Tankstellen sehr viel Platz und verursachten eine Versiegelung der natürlichen Böden, was wiederum die Städte aufheizte. In Anbetracht des Bevölkerungswachstums, der Gefahr der Hitze für die Landwirtschaft, des häufiger auftretenden Starkregens in den Städten sowie der Politisierung von Nahrungsmitteln war eigentlich klar: Karnivoria konnte sich nicht nur das Fleisch, sondern auch seine Autos nicht mehr leisten.

Die Geschichte Karnivorias

Suche nach den Anfängen Karnivorias

Ich begrüße euch zum zweiten Referat im Rahmen des Vorabendprogramms des Kongresses zur Zukunft Karnivorias. Wir werden dazu in die Vergangenheit reisen. Denn wer Karnivoria und seine Zukunft verstehen will, muss sich mit seiner Geschichte auseinandersetzen. Wo liegen die historischen Wurzeln der Nutztierkultur? Diese Frage ist indes nicht leicht zu beantworten. Aufgrund der Vielfalt der tierischen Rohstoffe, der unterschiedlichen Nutztiere sowie der kulturellen Differenzen zwischen den einzelnen Ländern gestaltet sich die Spurensuche sehr aufwendig. Weder ist klar, welche Anfänge gesucht sind, noch in welchem Zeitalter man zu suchen beginnen soll.

Noch bevor man die Zeitreise antritt, ist deshalb zu klären, welche Geschichte man über die Beziehung der Menschen zu ihren Nutztieren erzählen will. Soll man die Vergangenheit über die Nachfrageseite erkunden, zum Beispiel über den Wandel der Ernährung oder der Kleidung? Oder wählt man die Produktionsseite? Erzählt man die Geschichte der Nutztiere als Geschichte der Landwirtschaft, als Geschichte der Schlachthöfe oder als Geschichte verschwundener Berufe wie Walfänger, Kürschner oder Gerber, die vor langer Zeit die toten Tiere verarbeiteten? Einige Handwerke kennt man längst nicht mehr. Wer erinnert sich noch an die Fischbeinreißer, die Oberkiefer der Wale zerkleinerten und als elastisches Material für Korsette weiterverkauften? Wer kennt noch die Zeidler, die in Wäldern den Honig und das Wachs von Wildbienen gewannen?[443] Zumindest für Historiker:innen bieten diese Berufe spannende Spuren, die fabelhaftes Material für Erzählungen hergeben. Doch aufgrund der dominanten Verwertung der Tierkörper in Form von Fleisch macht es Sinn, entlang dieser Perspektive in die Vergangenheit zu reisen: Wann und warum begann Karnivoria, so viel Fleisch zu essen?

Fleischfrei war bisher keine menschliche Kultur, selbst Affen töten andere Tiere, um deren Gehirne zu fressen. Als ältestes menschliches Nutztier gilt der Hund, die Domestikation von Schafen und Ziegen folgte im 9. Jahrtausend vor unserer Zeitrechnung. Tausend Jahre später kamen die Schweine und Hausrinder dazu. Dass die Wahl zunächst auf Schafe und Ziegen fiel, ist schnell erklärt. Für die frühen Menschen waren Wildschafe und -ziegen schlicht am einfachsten zu halten. Sie brauchten weder viel Wasser noch besondere Kost. Sie aßen nichts, was die Menschen ebenfalls hätten gebrauchen können. Nährstoffe, die sie einfachen Gräsern entnahmen, machten sie zu üppigem Fleisch.»Ohne sich stark zu engagieren, konnten die Menschen mit dem Schaf also viel gewinnen.«[444] Ein weiterer Vorteil der domestizierten Tiere war, dass diese durch ihre lebendigen Körper die Nahrung für eine unsichere Zukunft speicherten.

Wendepunkte in der Beziehung zum Tier

In den Jahrhunderten der Haltung änderte sich das Verhältnis zum Nutztier markant. Zwei Wendepunkte fallen auf.[445] Beim ersten wurde es eingezäunt und beim zweiten Wendepunkt setzten sich in der Haltung die Prinzipien der Industrialisierung durch. Die Tiere büßten jedes Mal mehr Freiheiten ein. Kommt es durch die vegane Revolution nun zum Trendbruch, bei dem die Nutztiere ihre Freiheiten wiedererlangen?

Die erste Wende ereignete sich zwischen 6000 und 3000 v. u. Z., als die Menschen sesshaft wurden und das Jagen parallel zur Nutzung von Kulturpflanzen in das Halten von Nutztieren überging. Nicht mehr umherziehend, begannen die Menschen auch die Wolle und die Milch zu verwenden. Das Schaf war nicht mehr nur Nahrung und Kühlschrank, sondern diente als Rohstofflager für Kleider und Innenausstattung. Nutztiere hielt man nicht nur auf dem Land. Schweine gehörten zum Stadtbild, wobei sie als Haus- und Nutztiere sowie im Abfallmanagement dienten. Für die Armen waren sie eine Art Lebensversicherung, sei es als Nahrung oder als Tauschmittel, um lebensnotwendige Güter zu erwerben.[446] Als Transformationsmaschinen wandelten die Schweine alles in hochwertige Nahrung um, was die Menschen an Lebensmitteln wegwarfen. Für Bäcker und andere Akteure des städtischen Lebensmittelgewerbes boten sie eine ideale Gelegenheit, um zusätzlich etwas zu verdienen.[447]

Anders als man denken könnte, war der mittelalterliche Fleischkonsum relativ hoch, denn im Verhältnis zu den produzierten Lebensmitteln waren die Bevölkerungen noch klein. Pro Person gab es genug zu verteilen – bevor die Bevölkerungen in Europa sprunghaft anstiegen. Im deutschen Raum soll der jährliche Fleischkonsum im 14. und 15. Jahrhundert zeitweise je nach Ort und Schicht sogar 100 Kilogramm pro Person betragen haben.[448] Nicht alle aßen damals gleich viel Fleisch; für Männer und Reiche gab es mehr. Trotzdem: So viel Fleisch wie im Mittelalter sollte es lange nicht mehr geben. Im 18. Jahrhundert war der Fleischkonsum rapide gesunken, auf unter 15 Kilogramm pro Person. Für die breite Masse war es durch das starke Bevölkerungswachstum in einer noch wenig produktiven Landwirtschaft bis an die Schwelle zum 20. Jahrhundert schlicht nicht möglich, sich mit so vielen Tierproteinen zu ernähren. Lieber wollte man das Getreide für sich selbst haben, statt es an hungrige Schweine zu verfüttern. Schweine fraßen viel, aber der Fleischertrag war vergleichsweise gering. Laut Historiker:innen lag der »energetische Verwandlungsgrad« von Futter in Fleisch zwischen dem 15. und 19. Jahrhundert bei 15 Prozent.[449] Mit einer pflanzlichen Ernährung konnte man also achtmal mehr Menschen ernähren als mit Fleisch.

Außerhalb der Elite blieb Fleisch lange ein Luxusgut. Wie kostbar Fleisch war, spiegelt sich in den Hungerkrisen, die Europa bis in die Mitte des 19. Jahrhunderts durch Missernten erlebte. Sie zeigen, wie lange es unmöglich war, das aufwendig produzierte Getreide an die Nutztiere weiterzugeben. Aus Deutschland verschwanden die Hungerkrisen (mit Ausnahme der Kriegszeiten im 20. Jahrhundert) 1850, die Schweiz erlebte zwischen 1845 und 1847 eine letzte Versorgungskrise.[450] Der Wendepunkt, an dem sich die Dinge änderten und das Fleisch langsam vom Elite- zum Massengut wurde, lag am Ende des 19. Jahrhunderts. Die Zahlen dazu sind eindrücklich. In Deutschland zum Beispiel verdoppelte sich der Fleischkonsum zwischen 1850 und 1900.[451] In nur 30 Jahren – zwischen 1883 und 1913 – verdreifachte sich der Konsum von Schweinefleisch.

Die Entstehung des Fleischkomplexes

Beim Blick in die Literatur ist zwar schnell klar, dass die Fleischproduktion kurz vor dem 20. Jahrhundert sprunghaft anstieg und sich ein zweiter Bruch in der Beziehung von Menschen und Nutztieren ereignete. Doch der Wandel ist vielschichtig, es ging um wesentlich mehr als um Fleisch. Wir werden ihn deshalb etwas genauer unter die Lupe nehmen.

Bei den Entwicklungen, die das Fleisch in der zweiten Hälfte des 19. Jahrhunderts popularisierten, könnte man von Megatrends der damaligen Zeit sprechen. Ihre Wirkung war ebenso langfristig wie heftig, weil die Veränderungen gleichzeitig auftraten und sich so gegenseitig verstärkten. Sie etablierten neue Lebensmitteltechnologien und -industrien, formten also ein neues Ernährungssystem. Dabei stiegen die Nutztiere zu leblosen und industriell verarbeiteten Objekten ab. War in der Mitte des 19. Jahrhunderts noch das Fleisch knapp und die Nutztiere häufig im Alltag präsent, kehrte sich das Verhältnis der Sichtbarkeit von Fleisch und Nutztier in den nächsten 150 Jahren komplett ins Gegenteil. Sogar in den fortschrittlichen Großstädten Amerikas begegnete man den Nutztieren – zum Beispiel den Schweinen – bis ins 19. Jahrhundert ganz selbstverständlich. Ihre Tage verbrachten sie draußen, bei Einbruch der Dämmerung kehrten sie nach Hause zurück. Erst ab 1849 wurden die edlen Viertel New Yorks schweinefrei.^{452} Ein zweites Nutztier, das die damaligen Metropolen prägte, war das Pferd. Das lange 19. Jahrhundert war ein »Jahrhundert der Pferde«. Ums Jahr 1900 gab es in amerikanischen Städten drei Millionen Pferde, dieselbe Zahl setzte die deutsche Wehrmacht im Zweiten Weltkrieg ein. Erst nach dem Zweiten Weltkrieg begann der globale Bestand zu sinken.^{453}

Die Popularisierung von Fleisch war Ergebnis wie auch Motor der Industrialisierung. Durch die technologischen und wirtschaftlichen Reformen war mehr Fleischproduktion möglich, gleichzeitig verlangte die massenhafte Aufzucht und Verarbeitung von Tieren industrielle Lösungen. Im Zentrum des Geflechts von aufstrebenden Wissenschaften, Technologien und Wirtschaftszweigen stand der Schlachthof. Hier fanden die verschiedenen Entwicklungsschübe zusammen, hier entstand ein »infrastruktureller Knotenpunkt der Industrialisierung«.^{454} Man könnte von der Entstehung eines Fleischkomplexes sprechen, bei dem sich die Interessen von Wissenschaft und Politik mit all jenen verflochten, die Fleisch produzierten und verteilten. Erstaunlicherweise bilden Bäuer:innen, Fleischkonzerne, Supermärkte und die Politiker:innen der konservativen Landwirtschaft in Karnivoria bis heute einen Machtblock, der nur schwer zu durchbrechen ist.[455] Er spiegelte sich in den Parlamenten. In der Schweiz arbeiteten Anfang der 2020er Jahren 2,4 Prozent der Bevölkerung in der Landwirtschaft. Sie erbrachten zusammen 0,6 Prozent der volkwirtschaftlichen Leistung. Doch als Vertreter:innen der Bäuer:innen sahen sich nicht weniger als 32 von 246 Parlamentarier:innen. In Bezug auf die in der Landwirtschaft tätigen Personen entspricht dies einer mehr als 13-fachen Übervertretung.[456] Nimmt man die volkswirtschaftliche Kraft als Basis, war die Landwirtschaft sogar 22-mal übervertreten.

Der Komplex gibt bis heute vor, wie man sich in Karnivoria ernähren soll, was man im Supermarkt einkauft, was die Restaurants und Bäckereien verarbeiten, wie die Landwirtschaft funktionieren soll, wie der Beruf des Bauern aussieht und wie wir die begrenzten Flächen des Planeten nutzen sollen. Seine Entscheidungsgewalt reicht bis weit in unseren Alltag hinein: Mit welchen Frühstücksbuffets konnte man im Hotel rechnen, wie würde der Vater der besten Freundin der Tochter den Geburtstagskuchen backen?

Die Agrarrevolution

Voraussetzung für die Entstehung des karnivorischen Komplexes bildeten drei große Veränderungskräfte der menschlichen Zivilisation: die Industrialisierung, die Urbanisierung und die Produktivitätssteigerungen der Landwirtschaft.

Im Zuge der Industrialisierung des 19. Jahrhunderts wuchsen die Städte, die für ihre Versorgung auf eine Agrarrevolution angewiesen waren.[457] Dabei ließen die Bäuer:innen erstens die Dreifelderwirtschaft hinter sich und gingen zur Fruchtwechselwirtschaft über. Sie strichen die regenerative Pause der Böden, die bisher in Form einer »Brache« vorgesehen war.[458] Zweitens war die landwirtschaftliche Revolution von

Mechanisierung geprägt. Das heißt, für das Mähen, Dreschen und Schneiden begannen die Bäuer:innen, Maschinen in ihre Arbeitsabläufe zu integrieren. Diese bedienten sie zunächst per Hand und später mit Dampf. Das zeigt, wie der Wandel der Landwirtschaft mit einem neuen Energiesystem einherging, denn um die Maschinen zu betreiben, brauchte man die fossilen Brennstoffe.[459] Kurz: Ohne Erdöl kein Fleischkomplex. Zwar reduzierte die Mechanisierung die menschliche Arbeitskraft, sie steigerte aber zunächst den Bedarf an Nutztieren. Die ersten Mähdrescher, die um 1850 in Kalifornien auftauchten, wurden von 20 bis 40 Pferden gezogen. Entsprechend viel Hafer wurde im Pferdezeitalter angebaut.

Drittens beruhte die Agrarrevolution auf dem Einsatz von künstlichen, das heißt chemisch erzeugten Düngemitteln. Die Nahrungsmittelknappheiten, die bis in die Mitte des 19. Jahrhunderts auftraten, waren mitunter Düngerknappheiten. Vormoderne Formen der Produktivitätssteigerung wie Knochenmehl oder der 1806 von Alexander von Humboldt aus Südamerika importierte Guano waren nicht beliebig skalierbar.[460] Ebenfalls nicht beliebig auszudehnen war das traditionelle Düngerangebot, beispielsweise das Anpflanzen von Klee oder die Zugabe von Waldboden, Schlamm, tierischen und menschlichen Fäkalien. Das änderte sich 1840, als es dem Chemiker Justus von Liebig gelang, die wachstumsfördernde Wirkung von Stickstoff, Phosphaten und Kalium nachzuweisen. Ab Mitte des Jahrhunderts begannen Fabriken in der Schweiz und in Deutschland Dünger herzustellen, die als Wachstums- und Ertragsbooster die Produktivität der Felder deutlich erhöhten.[461] Mit seinen Erfindungen begründete Liebig die »Agrikulturchemie«, die Karnivoria bis heute prägt.

Für die Nutztiere war der menschliche Düngerhunger keine gute Nachricht. Die Lebensräume von Schweinen und Kühen wurden kleiner und langweiliger, weil man begann, sie in Ställen einzusperren. Da sie den Sommer im Stall verbrachten, konnten die Bäuer:innen mehr Mist sammeln und so mehr Dünger produzieren.[462] Zwei weitere Punkte der landwirtschaftlichen Revolution tangierten die Nutztiere. Einerseits verdrängten die Maschinen später tatsächlich die bis dahin in der

Landwirtschaft arbeitenden Tiere. Das passierte später, als man vielleicht denken könnte, nämlich erst in den 1950er Jahren, als Traktoren nach amerikanischem Vorbild für die hiesigen topografischen Verhältnisse fertig entwickelt waren.[463] Diese Innovation betraf maßgeblich die männlichen Rinder, für die es nun außer auf dem Teller keine Verwendung mehr gab. Andererseits ermöglichte die landwirtschaftliche Revolution solche Produktivitätssteigerungen, dass fortan mehr Futter produziert wurde, als für die Versorgung der Nutztiere nötig war.

Das aber war die Grundlage, um deren Bestände zu erhöhen und massiv mehr Fleisch zu produzieren. In der daraus resultierenden Steigerung der Fleischproduktion wandelte sich die Funktion der Nutztiere und ihre Beziehung zu den Menschen. Das Schwein zum Beispiel verlor seine Funktion als Abfallverwerter der Selbstversorger:innen. Es degenerierte zum reinen »Fleischtier« und wurde als solches von Industriellen für den Markt optimiert. Bäuer:innen begannen, sich auf die Viehwirtschaft zu spezialisieren. Das Schwein erhielt gegenüber dem Rind den Vorzug, weil das Verhältnis von Nutz- zum Gesamtgewicht besser ausfiel und herkömmliche Methoden der Konservierung wie das Pökeln und Räuchern besser funktionierten.[464] Die Transformation der Sau zum Fleischtier spiegelt sich eindrücklich im Schweizerischen Statistischen Jahrbuch. Hielt ein Bauer 1866 durchschnittlich 2,5 Tiere, verdoppelte sich dieser Wert in den ersten Jahrzenten des 20. Jahrhunderts. Die Kurve stieg exponentiell: Ende der 1970er Jahre waren es 50 Tiere pro Halter:in, Ende des 20. Jahrhunderts etwa 100 Tiere, 2010 stieg die Zahl auf 180, 2020 waren es 240.[465]

Die tatsächliche Kurve dürfte noch viel steiler verlaufen sein, verbergen die Zahlen doch, wie sich im selben Zeitraum durch Züchtungen die Dauer verkürzte, bis ein Tier schlachtfrei war. 2020 wurde ein Ferkel im Alter von gerade einmal sechs Monaten geschlachtet.[466]

Fleisch und die Megatrends von gestern

Für den durchschlagenden Erfolg des Fleischkomplexes waren auf Grundlage von Industrialisierung, Urbanisierung und Agrarrevolution vier weitere Innovationswellen am Ende des 19. Jahrhunderts entscheidend.

Längere Haltbarkeit durch Konservierung und Kühlung

Eine erste Voraussetzung für die Ausweitung des Fleischkonsums stellte das Sterilisieren von Lebensmitteln dar.[467] Die Konserve fror die Zeit ein und überwand den natürlichen Verfallsprozess. Zwar hatte man schon in vorindustrieller Zeit konserviert. Fruchtsäfte wurden eingedickt, Pilze getrocknet, Früchte und Gemüse gedörrt, Fleisch- und Wurstwaren geräuchert, Fleisch gepökelt, Gemüse und Fisch mit Natureis oder in natürlichen Kühlgrotten gelagert, Früchte in Zucker eingelegt.[468] Fermentierung machte die Milch in der Form von Käse länger haltbar, Weißkohl erhielt man als Sauerkraut. Trotzdem war das sterilisierte Konservenfleisch ein wichtiger Entwicklungsschritt in der Lebensmitteltechnologie. Nicht nur war das tote Tier nun noch wirksamer gegen Mikroben geschützt. Indem das Fleisch in vorgefertigte, standardisierte Formen gepresst wurde, konnten die Hersteller nun auch Lagerung und Transport neu denken. Gepresste Tiere lassen sich kompakter stapeln als lebende. Zudem verringerte sich das Gewicht um den Faktor 3, in Konserven gab es weder Knochen noch Knorpel.[469] Folglich stiegen die Fleischmengen, die man transportieren konnte.

Zu den neuen Methoden der Konservierung gehörte die Kühlung beziehungsweise das Einfrieren. 1858 wurden in den USA zum ersten Mal Eisblöcke aus den nördlichen Seen abgebaut, um im Sommer geschlachtete Schweine zu kühlen. Das entkoppelte den Fleischkonsum von den Rhythmen der Natur, musste man doch nicht mehr auf die Geburts- und Schlachttermine Rücksicht nehmen. Entlang der neu gebauten Eisenbahnstrecken entstand eine Kühllogistik, um das produzierte Fleisch auf abgebautem Natureis unterirdisch in thermisch abgedichteten Hallen zu lagern. Diese Infrastruktur hielt nur kurz, ab 1870 entstanden auf Basis der Ammoniakpressung Kühlanlagen, 1874 präsentierte Carl von Linde die Kältemaschine. Zusammen mit dem nun verfügbaren elektrischen Licht stieg die Produktionsmenge von Fleisch nochmals deutlich.[470]

Verwissenschaftlichung der Landwirtschaft

Der Durchbruch der modernen Naturwissenschaften inklusive präziseren Messmethoden, systematischeren Forschungspraktiken sowie dem

Labor als neuem Entdeckungsort der Forscher:innen erweiterte das menschliche Wissen über die Funktionsweise der Natur rasant. Die Erkenntnisse prägten die Vorstellung der richtigen Ernährung und führten zu Fortschritten in der Zucht der Nutztiere sowie der dafür notwendigen Getreide.[471] Ziel war die Kreuzung von Tierkörpern, die möglichst viel Fleisch hergaben. In England begann die gezielte Rassenzucht unter Einbezug asiatischer Schweinerassen schon im 18. Jahrhundert. Durch die Verwissenschaftlichung wurden die Tiere zudem für verschiedene Haltungszwecke optimiert, zum Beispiel als Mutterschweine oder Mastschweine beziehungsweise als Fleisch- und Eiergeflügel. In der Folge etablierten sich fleischindustrielle Betriebe ohne Futterproduktion – was einer Abkehr von den Prinzipien der lokalen Kreislaufwirtschaft gleichkam.[472]

In der Folge stiegen ab 1850 die Größe und Erträge der Rinder und Schweine ebenso kontinuierlich wie deutlich. Einen wesentlichen Anteil an der Verbreitung des neuen landwirtschaftlichen Wissens und damit den gestiegenen Erträgen hatten landwirtschaftliche Ausstellungen.[473] Die wechselnden Austragungsorte boten ideale Voraussetzungen, um an zahlreichen Orten und nahe bei den Bäuer:innen über neues Wissen, neue Praktiken und Techniken der Viehzucht zu informieren. Andere wissenschaftliche Fortschritte, die später für die Ausweitung der Erträge eine Rolle spielten, waren die Gentechnologie sowie die Antibiotika, die ab den 1930er Jahren in der Viehwirtschaft eingesetzt wurden, um Herden und später Fische präventiv gegen Erreger zu behandeln. Sie schufen eine medizinische Rückversicherung der Massentierhaltung. Zudem stellte sich heraus, dass man mit Antibiotika das Wachstum beschleunigen konnte.[474]

Effizienzsteigerung im Produktionssystem

Der Bedeutungszuwachs von Fleisch setzte weitere Neuerungen auf der Produktionsseite voraus. Wegweisend waren die Entwicklungen in den USA, zuerst in Cincinnati und später in Chicago.[475] Sie beruhten auf wirtschaftlichen Gesetzmäßigkeiten, die sich aus der Vergrößerung der Schlachthöfe ergaben. In der Sprache der Ökonom:innen ausgedrückt, eröffneten die Zentralisierung des Tötens und Verarbeitens sowie die gestiegenen Schlachttierzahlen Skalierungsmöglichkeiten. Es lohnte sich vor allem dann, industriell Fleisch zu fertigen, wenn man viel produzieren konnte. Je mehr man schlachtete, desto mehr sanken die durchschnittlichen Betriebs- und Investitionskosten. Das aber ließ die Margen steigen. Die Fleischfabriken wurden größer und größer, was Prozess- und Managementinnovationen erforderte.

Die immense Anzahl an Tieren, welche die amerikanischen Schlachthöfe im letzten Viertel des 19. Jahrhunderts verarbeiteten, verlangte effiziente Arbeitsabläufe, um die Tiere rasch zu töten, zu verarbeiten und im Land zu verteilen. Es handelte sich um Innovationen, die der gesamten Industrialisierung nochmals gewaltig Schub verleihen sollten. Um 1870 entstand in Cincinnati die Vorgängererfindung des Fließbandes, das ab 1930 die Automobilindustrie radikal veränderte. An der Decke ihrer Schlachthöfe brachten die Schweinekapitalisten eine Schiene an, um die aufgehängten Schweine über alle Arbeitsprozesse hinweg durch das Schlachthaus ziehen zu können. Der seriellen Zusammensetzung der Autos (assembly line) ging die effiziente Zerlegung der Schweinekörper voraus (disassembly line).[476]

Reorganisation der Distribution

Zu den Innovationen des Produktionssystems gehörten neue Ansätze in der Verteilung tierischer Produkte. Besonders wichtig war die Eisenbahn. In den USA wurde die erste Strecke 1826 eröffnet, in Deutschland 1835 (zwischen Nürnberg und Fürth), in der Schweiz 1844 (von der französischen Grenze bis nach Basel). Die Eisenbahn erlaubte es, tonnenweise tote und lebendige Tiere zu transportieren, und entkoppelte die Orte, wo sie die Bäuer:innen aufziehen, die Fleischer:innen schlachten und die Konsument:innen essen. Entscheidend war die Einführung der zentralen Schlachthöfe außerhalb der Innenstädte ab Anfang des 19. Jahrhunderts. Ursprünglich war die Zentralisierung »ein bürgerliches Projekt«, um die Volksgesundheit zu verbessern. Die Städte sollten von unangenehmen Keimen und Gerüchen, Anblicken und Geräuschen befreit werden.

Die Schlachthöfe wurden direkt an das Schienennetz angebunden. Berlin nahm seinen nigelnagelneuen Zentralvieh- und Schlachthof 1881 direkt an der Eisenbahnlinie in Betrieb. Auf einer Länge von 400 Metern und auf fünf Rampen gleichzeitig konnten die Tiere direkt aus den Zügen entladen werden.[477] Es formierten sich gewaltige Fleischinfrastrukturen. In Berlin hatten die Gleise des Schlachthofs zusammengerechnet eine Länge von 15,5 Kilometern. Die Distributionsinnovationen waren eng mit jenen der Konservierung verbunden. Ab den 1880er Jahren erlaubte der Einsatz von Kühlwagen zunächst in den USA, Fleisch über weite Distanzen zu verteilen.[478] Zu den Distributionsinnovationen gehörte nicht zuletzt die Etablierung der modernen Werbung, um die Fleischerzeugnisse unters Volk zu bringen. Ein Beispiel dafür sind die Liebig-Sammelbilder, die der umtriebige deutsche Starchemiker Justus von Liebig zwecks Absatzsteigerung seinen Fleischextrakten beifügte.

Alle vier Innovationsstränge bewirkten, dass sich der Mensch über die Gesetzmäßigkeiten der Natur hinwegsetzte. Er schrumpfte den Raum (durch die Eisenbahn), dehnte die Zeit (durch elektrisches Licht), emanzipierte sich von den Jahreszeiten (durch die Kühlung), manipulierte die Evolution (durch Kreuzungen), potenzierte die Wirkung menschlicher Arbeit (durch die Arbeit am Fließband) und beschleunigte die natürlichen Kreisläufe von Leben und Tod (durch den Einsatz von Dünger und Antibiotika). Die Eingriffe des Menschen in die Natur prägten seine eigene Natur – konkret: wie er sich seine Nahrung, seine Arbeit oder eben sein Zusammenleben mit (Nutz-)Tieren vorstellt. Diese Entwicklung ist noch nicht an ihr Ende gelangt. Vielmehr werden ökologische Notwendigkeiten, technologische, ökonomische, soziale und tierethische Fortschritte auch in Zukunft verändern, was sich die Menschen unter der Natur und ihrer eigenen Natur vorstellen.

Politisierung des Fleischkonsums

Die vier Innovationsstränge gingen mit einer Politisierung des Fleischkonsums einher. Basis für das Intervenieren der Politik bildeten Erkenntnisse der sich formierenden Ernährungswissenschaften.[479] Ab

1850 konnten sie Eiweiße, Fette, Kohlenhydrate, Wasser und Mineralsalze unterscheiden, was Überlegungen zu deren Wirksamkeit nach sich zog. Das Interesse für die Bausteine der Nahrung folgte dem Zeitgeist, war doch die Chemie in der ersten Hälfte des 19. Jahrhunderts die dominierende Naturwissenschaft und Deutschland übrigens ihr wissenschaftliches Zentrum. Ihre Akteure wollten wissen, wie sich einzelne Nahrungsmittel zusammensetzen und was für den Körper warum besonders wichtig ist.[480] In der zweiten Hälfte des 19. Jahrhunderts bedrängte die Physik die Chemie als wichtigste Bezugswissenschaft der Ernährung und fügte weitere Überlegungen zur richtigen Ernährung hinzu.

Gemeinsam brachten die beiden Naturwissenschaften ein Ernährungsnarrativ hervor, das Karnivoria bis heute prägt. Es ist im Grunde ein Halbwissen, weil die damaligen Wissenschaftler:innen zum Beispiel noch nichts über Vitamine wussten. Jedenfalls rückte mit dem Aufstieg der Physik der Energiegehalt der Lebensmittel und damit der Landwirtschaft in den Fokus des Interesses. Wissenschaft und Politik wollten verstehen, wie man die Energiepotenziale der Natur möglichst gut in die Arbeitskraft von Menschen und Nutztieren übersetzen konnte. Halb spirituell argumentierten die Machtmänner mit *Lebenskräften*, die den Organismen innewohnten. Wer Fleisch aß, eignete sich die Kraft des getöteten Tieres an. Ganz entzückt himmelten die Wissenschaftler:innen und Politiker:innen ihre tierischen Eiweiße als *Supernahrungsmittel* an. Dagegen sprachen sie den pflanzlichen Proteinen ab, Muskeln aufbauen zu können, was heute nicht zuletzt die veganen Bodybuilder:innen widerlegen.[481]

Der Fleischhunger der Nationalstaaten

In der Propaganda des Fleisches als unverzichtbarer Energievektor verzahnen sich im Fleischkomplex bis heute die Interessen der Unternehmer:innen, Wissenschaftler:innen, konservativen Politiker:innen und protegierten Bäuer:innen. Bei Akteur:innen wie Justus Liebig, der die Proteine, Dünger, Fleischextrakte und Sammelbilder erfunden hatte, überschnitten sich die verschiedenen Wertschöpfungsprozesse des

Fleischkomplexes sogar in einer einzigen Person. Ihr bis heute zirkulierendes Narrativ besagt, dass eine fleischreiche Ernährung zu Muskeln, wirtschaftlichem Erfolg und militärischer Überlegenheit führt. Gleichzeitig wird eine vegane Ernährung als gefährlich gebrandmarkt, weil sie die Menschen kraftlos mache. Stramme Anhänger:innen wiederholen die Vorurteile bis heute. Sie behaupten etwa, »ein Chirurg« oder »ein Topmanager« könnten ihre harten Arbeitstage nicht ohne tierische Proteine bewältigen.[482]

Potente Gesellschaften mussten deshalb ab Ende des 19. Jahrhunderts so viele tierische Proteine wie möglich zur Verfügung stellen – zumal man die soziale Frage unter dem Aspekt des Zugangs zu Fleisch zu diskutieren begann. Jeder gewöhnliche Arbeiter sollte zur Steigerung seiner *Performance* möglichst viel Fleisch essen.[483] Es verwundert daher kaum, dass die im 19. Jahrhundert aufkommenden Nationalstaaten von Anfang an als Akteure des Fleischkomplexes auftraten. Durch Erlasse und Zuschüsse an Zuchtvereine förderte etwa die Schweiz bereits Ende des 19. Jahrhunderts ertragsversprechende Schweinekreuzungen zwischen einheimischen Arten und englischen Yorkshires.[484] Der Nationalstaat war ein junges Konzept, das sich beweisen musste. Sein Eingreifen in das Design der Landwirtschaft erklärte sich mit dem Wunsch, sich über seine Versorgungskompetenz zu legitimieren. Gleichermaßen bezweckten Regierungen, mit einer hochwertigen Ernährung beziehungsweise dem Aufbau von Muskelkraft andere Staaten ökonomisch und militärisch zu übertreffen und Proteste von Nichtsatten zu unterbinden. Die fleischliebenden Politiker:innen wollten die Bäuer:innen nicht verärgern, die man durch großzügige Subventionen »möglichst sozialverträglich« in die Industrie- und Dienstleitungsgesellschaft überführen wollte.[485]

Anders als heute waren die damaligen Ökonomien Körperökonomien. Sie privilegierten jene Nationalstaaten, die über eine große Bevölkerung und damit über viele Menschen verfügten, die auf Äckern und in Fabriken schufteten. Doch das Narrativ des wertvollen tierischen Proteins vermochte sich problemlos bis in die heutige digitale Wissensgesellschaft zu halten. Das ist erstaunlich. Denn einerseits entscheidet sich die ökonomische Potenz reicher Staaten wie Deutschland, der

Schweiz oder Österreich längst auf der Ebene der geistigen Arbeit, der Ideen. In Wissensökonomien entscheidet das Humankapital und nicht der Bizeps über das BIP. Damit Gesellschaften heute wirtschaftlich erfolgreich sind, müssen Menschen viel wissen, sich weiterbilden und kreativ sein. Die Körperökonomien wandelten sich zu Ideenökonomien. Anderseits ist längst klar, dass man sich problemlos nur mit pflanzlichen Proteinen ernähren kann. Trotzdem glauben bis heute nicht wenige, Veganismus gehe mit Mangelernährung einher. Das war mitunter eine Folge von Desinformationskampagnen, mit denen die Fleisch- und Milchindustrie, ähnlich wie die Ölindustrie, bis heute versuchen, ein heillos veraltetes System zu erhalten.[486]

Dagegen waren die Gegner:innen der These der superwirksamen tierischen Proteine schon immer zurückgebunden. Bereits in den 1860er Jahren gab es Zweifel an der karnivorischen Argumentationskette »tierische Proteine gleich Muskelaufbau gleich Wirtschaftserfolg«. Doch das Narrativ war schon zu stark, um durch nüchterne wissenschaftliche Argumente entkräftet zu werden.[487] Zudem wagten die aufstrebenden jungen Forscher:innen im hierarchischen Wissenschaftssystem dem dominanten Justus von Liebig nicht zu widersprechen. Der Aufstieg der Fleischindustrien stärkte die Durchsetzungskraft des Komplexes zusätzlich. In den USA entstanden riesige Konzerne, die viel Geld verdienten, indem sie Tiere mästeten, schlachteten, verarbeiteten. Die Politiker:innen wollten diese Unternehmen schützen und stärken, denn sie schufen Arbeitsplätze, generierten Steuereinnahmen und fütterten die Banken mit Zinszahlungen. Das Grundkapital der Union Stockyards in Chicago befand sich zu über 90 Prozent in den Händen der Eisenbahnen, die wiederum den großen Banken an der Ostküste gehörten.[488] Gegen Ende des 19. Jahrhunderts war die Produktion von Fleisch in den USA zur umsatzstärksten und global agierenden Industrie aufgestiegen. Gepresstes und gekühltes Fleisch wurde in die ganze Welt exportiert.

Nicht vergessen sollte man, wenn man über den Fleischkomplex berichtet, all jene, die nationalistisch argumentierten. Sie wünschten sich eine autarke Landwirtschaft und waren gerne bereit, die Anliegen und Betriebe der Bäuer:innen zu schützen. In Krisenzeiten wollte man unabhängig vom Ausland sein. Allerdings blendeten die Nationalist:innen des 21. Jahrhunderts in ihren vereinfachten Reden gerne aus, dass die heimischen Tiere ohne das Getreide (inklusive Anbauflächen) und den Dünger aus dem Ausland niemals möglich gewesen wären. Die Fleischnationalist:innen argumentierten mit romantischen, aber längst überholten Bildern, wie die Nutztiere angeblich gehalten wurden. Zu ihnen gehörte die italienische Regierungschefin Giorgia Meloni, die 2023 ein Gesetz vorantrieb, um künstliches Fleisch zu verbieten.

Der Fleischkomplex als Big Tech

Die Fleischproduzenten aus Chicago waren die mächtigsten Big-Tech-Akteure der damaligen Zeit. Wie für Big Tech üblich, dominierten wenige von ihnen den gesamten Markt. Diese Marktstrukturen halten bis heute. Ich erinnere mich, wie wir in den 2020er Jahren viel über die Macht der Internetgiganten Google, Facebook und Co. stritten. Genauso hätte man die monopolistischen Fleischproduzenten kritisieren können.

Eines der größten Unternehmen überhaupt war JBS aus Brasilien. In 15 Ländern mit über 400 Niederlassungen vertreten, schlachtete der Fleischriese in den 2020er Jahren täglich bis zu 75 000 Rinder, 115 000 Schweine, 14 Millionen Hühner und anderes Geflügel und 16 000 Lämmer.[489] In den USA kontrollierten 2022 vier Firmen 85 Prozent des Rindfleischmarktes und über die Hälfte des Geflügelmarktes. Auch in Deutschland teilten wenige Unternehmen den Markt unter sich auf. An der Spitze stand Tönnies (im »Krisenjahr« 2021 mit einem Umsatz von 6,1 Milliarden Euro), danach folgten die niederländische Vision Food und Westfleisch.[490] Die Macht dieser Konzerne war groß. Neben den Preisen kontrollierten sie die Arbeitsverhältnisse ihrer Angestellten und die Lebensbedingungen der Tiere. Zudem erlaubten ihnen die Umsätze der karnivorischen *Old Economy*, in die vegane *New Economy* zu investieren. 2021 generierte die mächtige Schweizer Bellgroup bereits 22 Prozent des Umsatzes mit vegetarischen Produkten. Beim Wursthersteller Rügenwalder Mühle überstiegen 2021 die Umsätze der vegetarischen Angebote jene der Fleischprodukte.[491]

Bis zu meiner Auswanderung aus Karnivoria blieb die Politik stark in den Fleischkomplex involviert. Doch entgegen den »Behauptungen der *Vulgärökonomen*« war die Fleischindustrie damals nur für eine Minderheit der Produzenten profitabel.[492] Sie überlebte, weil die Politik das System durch Subventionen protegierte und weil sie die Schädigungen der Umwelt nicht in den Verkauf der tierischen Produkte einpreiste. Prekär war das marode System insbesondere für die Landwirt:innen, wobei die hohen Subventionen die fehlende Passung von Angebot und Nachfrage kaschierten. In Deutschland erhielt die Landwirtschaft pro Jahr 6,9 Milliarden Euro, wobei 70 Prozent der Fördermittel als Flächenprämien ausbezahlt wurden, »die für jeden bewirtschafteten Hektar an die Betriebe ausgezahlt werden, unabhängig von der angebauten Kultur und der Art der Bewirtschaftung«. Je nach Betrieb konnten die Fördergelder zwischen 45 und 75 Prozent des landwirtschaftlichen Einkommens ausmachen.[493] Es war eine absurde Landwirtschaftspolitik, die von den Bauern am Subventionstropf keine Verhaltensveränderung einforderte.

In der Schweiz flossen pro Jahr 3 Milliarden Franken an Direktzahlungen in die Landwirtschaft, davon eine Milliarde an die knapp 19 000 Milchhöfe.[494] 80 Prozent der Subventionen unterstützten die Produktion tierischer Produkte; in die pflanzliche Ernährung flossen folglich nur 20 Prozent. Das war kein Muster, das nur in der Schweiz auftrat, es prägte die gesamte globale Landwirtschaftspolitik.[495] Wie sehr sie sich an tierischen Produkten orientierte, konnte man an weiteren Zahlen ablesen. Alleine die Werbung für Fleisch war der eidgenössischen Regierung jährlich 6 Millionen Franken wert.[496] Genauso kamen Schweizer Bürger:innen mit ihren Steuergeldern für Schlachtabfälle und Umweltschäden auf, die durch die Produktion von Fleisch entstanden. In Deutschland und Österreich benachteiligten unterschiedliche Mehrwertsteuern den veganen Lebensstil zudem ganz direkt. Hafer-, Mandel- und Sojamilch wurden mit den vollen 19 Prozent Mehrwertsteuer belastet, die althergebrachte Kuhmilch dagegen nur mit 7 Prozent.[497] Die Zahlen zur Steuerpolitik sind wichtig, um die Dysfunktionalität Karnivorias zu verstehen. Sie belohnte jene, welche an der Vergangenheit festhielten und die Selbstzerstörung Karnivorias vorantrieben. Gleichzeitig bestrafte die rückwärtsgewandte Landwirtschaftspolitik, die auf altem Wissen und alten Vorstellungen einer guten Ernährung basierte, all jene, die Auswege anboten. Man kann es noch krasser ausdrücken: Hätten die Staaten die Nutztierwirtschaft nicht unterstützt, wäre Karnivoria schon 2023 längst in sich zusammengefallen – es sei denn, Kund:innen hätten deutlich mehr für ihr Fleisch bezahlt. Ein Thinktank rechnete vor, Konsument:innen deckten mit ihren Zahlungen nur ein Drittel der tatsächlichen Kosten von Rindfleisch. Bei Schweine- und Geflügelfleisch zahlten sie immerhin zwei Drittel.[498] Fleisch hätte 2023 also mindestens zwei- bis dreimal mehr kosten müssen – vielleicht sogar noch viel mehr. Hätte man den gesamten unsichtbaren Ressourcenverbrauch bezahlt, wären die Preise sechs- bis siebenmal so hoch gewesen.[499] Nicht anders sah es bei Milchprodukten aus. Ein Liter Biomilch war 2022 in der Schweiz für 1,60 Franken zu haben, wobei jeder Liter im Schnitt mit 60 Rappen vom Staat unterstützt war. Auf Käse und Butter bezogen, hätte man mindestens die Hälfte mehr bezahlen müssen, Umweltkosten nicht einberechnet. Honig hätte doppelt so teuer sein müssen.[500]

Eine letzte Bemerkung zur Macht des Fleischkomplexes im Ernährungssystem Karnivorias: Über Richtlinien und Empfehlungen, zum Beispiel via Nahrungspyramiden konnte er stark beeinflussen, was die Bürger:innen für eine richtige Ernährung halten. Mit den neuesten wissenschaftlichen Erkenntnissen hatte das in der Regel nicht viel zu tun. In Deutschland zum Beispiel ist grundsätzlich das Landwirtschaftsministerium für diese Empfehlungen zuständig. Alle fünf Jahre überprüft es den Speiseplan, wobei sich im beratenden Ausschuss die Wissenschaftler:innen auch mit kritischen Studien zur ökosensiblen *Planetary Health Diet* befassen. Aber – ich zitiere einen Ernährungsforscher der damaligen Zeit – die Empfehlungen der Wissenschaft würden im Prozess der Beratung korrumpiert, »weil die mächtige Milch- und Fleischlobby durch die Hintertür hereinkommt. Leider gibt es keinen direkten Zusammenhang zwischen der wissenschaftlichen Überprüfung der Richtlinien und den abschließenden Empfehlungen.«[501]

Das Gender von Fleisch

Noch ein allerletzter Punkt ist wichtig, um die politische Dimension Karnivorias nachzuzeichnen. In die Fasern von Fleisch sind soziale Strukturen eingewoben. Nicht alle aßen gleich viel Fleisch und wer als Arbeiter:in in die Fleischindustrie involviert war, stand in der sozialen Hierarchie in der Regel ganz unten. Die bäuerliche Bevölkerung aß außer bei Festen der Schlachtsaison im Mittelalter kaum Fleisch und bevor die Skaleneffekte die Nutztierkultur veränderten, blieben fürs einfache Volk im 19. Jahrhundert nur die Reste übrig: Kehle, Maul, Zunge, Leber, Herz, Nieren, Hirn und Därme.[502] Neben der Quantität war also die Qualität von Fleisch sozial differenziert, was sich 2023 anders als im Mittelalter zeigte. Während die Armen gefrorenes Billiggeflügel mit Antibiotika-Resistenzen und zusammengeklebte Schinkenstücke aßen, genossen die Reichen hofgeschlachtetes Biorind.

Genauso war der Fleischkonsum gegendert. Lange Zeit verband man mit dem Blut von dunklem Fleisch den männlichen Mythos, es würde Kraft, Aggression, Leidenschaft und sexuelle Potenz steigern. Tatsächlich aßen Männer mehr Fleisch als Frauen, deutsche Männer aßen doppelt so viel Fleisch wie Frauen.[503] Plakativ ausgedrückt waren Steaks etwas für Männer und Hühnerbrüste etwas für Frauen. Ähnliche Geschlechterzuschreibungen galten für die Zubereitung. Braten und Rösten waren männlich, Kochen und Backen weiblich. In den 2020er Jahren gab es viermal mehr Veganerinnen als Veganer und auch beim Fleischkonsum gab es Unterschiede. Weiter standen Männer Vegetarier:innen und Veganer:innen skeptischer gegenüber als Frauen. Auf keinen Fall wollten sie durch veränderte Ess- und Kochgewohnheiten weibisch erscheinen. Weil Essen häufig in einem sozialen Rahmen stattfindet, musste man sich noch 2023 je nach Umfeld exponieren, wenn man *kein* Fleisch essen wollte. Am Weihnachtsabend. Beim Businesslunch. Beim Fußballspiel.[504]

Die Skepsis der Männer gegenüber Nicht-Fleischesser:innen wurde gar als Angst vor einem Systemwechsel interpretiert. In einer Metastudie zur Genderdimension von Vegetarismus und Veganismus schrieben die Autor:innen, die Weigerung, Fleisch zu essen, würde von Alphamännchen als »Gefahr für sozial akzeptierte Prinzipien und männliche Dominanz« wahrgenommen.[505] Solche Ängste und Attribuierungen mochten sich auf eine »altmodische« toxische Männlichkeit beziehen. Aber sie können trotzdem erklären, warum sich in Karnivoria deutlich mehr Frauen als Männer vegan ernährten.[506] Vegetarische und vegane Lebensstile waren seit dem 19. Jahrhundert als Gegenkultur und als Widerstand angelegt – auch gegen das »patriarchalische Regime der bürgerlichen Fleischküche«. Am Kopf des Tisches saß der Vater, dem die besten Stücke des Tieres gereicht wurden, während sich die anderen mit kleinen Portionen und Endstücken begnügten. Kaum erstaunlich avancierte Fleisch in diesem Kontext zum Symbol der Unterdrückung der Frauen und der Verzicht darauf zum Akt der Rebellion.[507]

In diesem Zusammenhang sind die verschiedenen Gründe aufschlussreich, warum sich Frauen und Männer in den 2020er Jahren fleischlos ernährten. Für Frauen waren soziale und tierethische Argumente wichtiger als für Männer, bei denen persönliche und dabei insbesondere gesundheitliche Gründe im Vordergrund standen.[508] Für all jene von euch, die sich durch den karnivorischen Kongress eine schnelle Veränderung erhoffen, ist das eine ziemlich schlechte Nachricht, denn der Wandel der Geschlechterbilder vollzieht sich nur sehr langsam. Das heißt auch: Eine vegane Revolution muss sich mit der kulturellen Dimension des Fleischkonsums und folglich mit Geschlechterbildern auseinandersetzen. Es geht um Gewohnheiten und um Macht – auch in der Produktion von Fleisch. Ein Drittel der Schweizer Bäuerinnen erhielt auf dem eigenen Hof 2023 keinen Lohn und hatte keinen Anspruch auf berufliche Vorsorge.[509] Kaum überraschend zeigte sich das Gender von Fleisch auch in den Teppichetagen der Landwirtschaftspolitik und Nahrungsmittelkonzerne auf. Neben den allgemeinen Debatten um Diversität war das Geschlecht der Topmanager:innen relevant, weil Frauen durch ihre Ernährung und ihr Verhältnis zu Tieren die Zukunft von Karnivoria anders denken.

Die Analyse der Fleischpolitiker:innen 2023 im DACH-Raum illustriert die Problematik der damaligen Zeit eindrücklich. In Deutschland war der Landwirtschaftsminister (Cem Özdemir, 56) ebenso ein Mann wie in der Schweiz (Guy Parmelin, 62) und in Österreich (Norbert Totschnig, 47). Weniger eine zufällige Momentaufnahme war das Geschlecht des Topmanagements in der Fleischindustrie. Eine exemplarische Spurensuche zeigt das Desaster. Bei Tönnies gab es 2023 in der Geschäftsführung nicht eine einzige Frau. Im Aufsichtsrat von Westfleisch saßen zwölf Männer und eine Frau, die obligatorische Personalvertreterin. Auch bei Micarna, der Metzgerei des Schweizer Handelsduopolisten Migros durfte im Verwaltungsrat keine Frau mitdiskutieren. Bei Bell, dem Fleischunternehmen im Besitz des anderen schweizerischen Handelsriesen Coop, war das anders. In Verwaltungsrat und Geschäftsleitung saß eine Frau: Doris Leuthard. Diese Personalie könnte die Verstrickungen des Fleischkomplexes kaum besser illustrieren, war Leuthard doch von 2006 bis 2018 Mitglied der Schweizer Landesregierung und in dieser Zeit zweimal Präsidentin.

Die Dysfunktionalitäten Karnivorias

Nachdem wir die Gegenwart und die Geschichte Karnivorias erkundet haben, wirft das dritte Referat abschließend einen Blick auf die Kräfte, die gemäß den Strategiepapieren Veganias den Untergang des Fleischkomplexes besiegeln, Peak Meat begründen und fast unbemerkt in Karnivoria die vegane Revolution eingeläutet haben. Konkret geht es um vier Dysfunktionalitäten, die schon 2023 deutlich sichtbar waren. Von diesen werde ich euch nun berichten, bevor wir morgen mit der Besprechung der Zukunft beginnen.

Dysfunktionalität 1: Störung der Ökosysteme

Die erste Dysfunktionalität ist eine ökologische, denn das Ernährungssystem Karnivorias ist alles andere als umweltfreundlich. Probleme zeigen sich seit Jahrzehnten, am offensichtlichsten beim Klimawandel.[510] Gemäß den Daten von Our World in Data war im Jahr meiner Auswanderung ein Viertel der von der Menschheit ausgestoßenen Treibhausgase auf Lebensmittel zurückzuführen (2023, vergleiche Abbildung 2).[511] Der Weltklimarat unterteilte sie in drei Bereiche: Emissionen durch die Landwirtschaft (9 bis 14 Prozent aller CO_2-Emissionen), durch vor- und nachgelagerte Tätigkeiten (5 bis 10 Prozent, etwa Lagerung und Transport) sowie durch die Umwandlung von Landnutzung (5 bis 14 Prozent). Historisch betrachtet war die Waldrodung das größte Problem, das 20 bis 30 Prozent aller Treibhausgasemissionen in den letzten 150 Jahren verursacht hatte. Zum Beispiel war die Viehwirtschaft für über 85 Prozent der Abholzung des Amazonasregenwaldes verantwortlich.[512] In der historischen Perspektive zeigt sich: Die Landgewinnung für Nutztiere war zudem problematisch, weil wertvolle Acker- in Weideflächen verwandelt wurden und in Südamerika (aber auch in Schottland für den englischen Landadel) die einheimische Bevölkerung aus ihren Gebieten vertrieben wurde.[513]

Überhaupt war die Viehwirtschaft besonders klimaschädlich. Gemäß den Daten der FAO versursachte sie 14,5 Prozent der global ausgestoßenen Treibhausgase. Das war mehr, als man mit dem globalen Autoverkehr in Verbindung brachte (11,9 Prozent), und ein Vielfaches des Flugverkehrs (1,9 Prozent).[514] Der Biochemiker und Impossible-Foods-Gründer Patrick Brown rechnete vor, die Umstellung auf eine vegane Ernährung könne zwei Drittel der landwirtschaftlichen Treibhausgasemissionen reduzieren.[515] Die Schätzung lag so hoch, weil die Viehwirtschaft nicht nur CO_2 ausstößt. Noch schädlicher sind die Methangase, die mit einem deutlich größeren Wärme-Effekt einhergehen. Über einen Zeitraum von 100 Jahren ist Methan 28-mal schädlicher als CO_2, im Zeitraum von 20 Jahren sogar 86-mal. Unter dem Strich machte man Methan für fast ein Viertel der Erwärmung verantwortlich.[516]

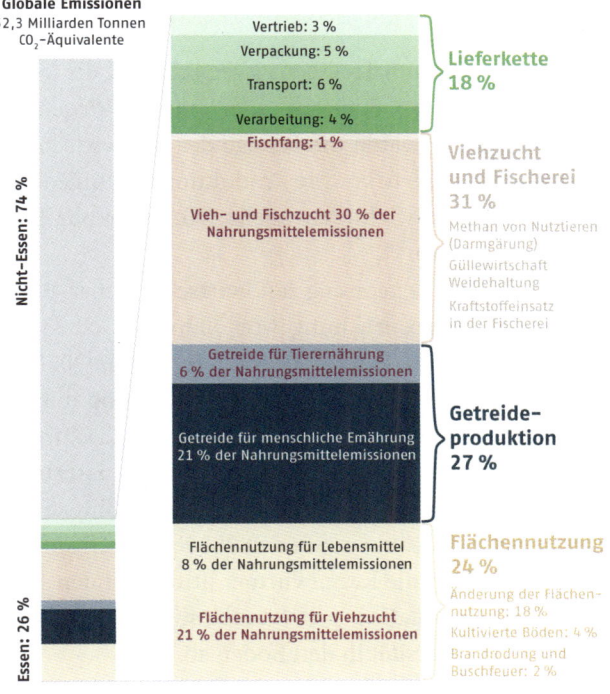

Abb. 2   Globale Treibhausgasemissionen aus der Nahrungsmittelproduktion

2021, kurz vor der Unabhängigkeit Veganias, war der Methanausstoß des Planeten so hoch wie nie.[518] Trotz umfassenden Wissens über die Schädlichkeit der karnivorischen Landwirtschaft blieben alle Appelle von Umweltschützer:innen und grünen Politiker:innen wirkungslos. Die Landwirtschaft war besonders aufgefordert, sich zu verändern – war sie doch direkt oder indirekt für fast die Hälfte des Ausstoßes verantwortlich. In Deutschland schrieb man 65 Prozent des Methans der Nutztierhaltung zu. Die Emissionen entstanden in der Verdauung beziehungsweise durch die Fermentation der Wiederkäuer sowie bei der Lagerung von Dung.[519] Damit nicht genug, die Hälfte der Lachgase verband die Wissenschaft ebenfalls mit der Viehwirtschaft (in Deutschland 77 Prozent). Sie waren dreimal schädlicher als Methan und entstanden durch den Einsatz von stickstoffhaltigen Düngemitteln.

Gestörte Ökosysteme

Jenseits des Ausstoßes von Treibhausgasen schadete die Viehwirtschaft Karnivorias dem Planeten noch auf vielen anderen Wegen. Ihr gemeinsamer Ausgangspunkt waren die Erfolge der landwirtschaftlichen Revolution. Anders ausgedrückt: Ihre Produktionsgewinne waren deshalb so hoch, weil die Landwirt:innen mehr Dünger, mehr Pestizide und mehr Wasser einsetzten.[520]

Es kam zu einer Versteppung landwirtschaftlicher Böden und zu einer übermäßigen Beanspruchung ihrer Nährstoffe. 2023 galt die Hälfte der globalen Agrarflächen als degradiert, bereits 2011 waren zehn Prozent der Kulturböden der USA durch Versalzung unbrauchbar geworden.[521] Schuld trugen die immer schwereren Maschinen der Landwirtschaft, die Monokulturen, die künstliche Bewässerung sowie die Pestizide. Die intensive Nutzung schwächte die Fähigkeit der Böden, Dünger aufzunehmen – sie sank in den 2020er Jahren auf teilweise nur noch 25 Prozent. Auch die Regenwürmer litten. Seit den 1960er Jahren schrumpft deren Population pro Jahrzehnt um 15 Prozent.[522] Stark nahm auch die Biodiversität in den Böden ab.[523]

Die Nährstoffe, welche die Böden durch Überdüngung und die zerstörten Bodenstrukturen nicht mehr aufnehmen konnten, landeten in

Gewässern. Zusammen mit den Exkrementen der Nutztiere belasteten sie das Grundwasser erheblich, zum Beispiel die Phosphate und der Stickstoff.[524] Erhalten die Gewässer durch Gülle zu viele Nährstoffe, vermehren sich die Algen. Dort, wo sie dies tun, entziehen sie dem Wasser Sauerstoff, was wiederum die Ökosysteme von Seen, Meeren, Flüssen und Teichen bedroht. Es bildeten sich Todeszonen ohne Sauerstoff, denen jegliches Leben abhandengekommen war.[525] Schon in den 2020er Jahren galten 58 Prozent der Fischbestände als maximal ausgebeutet, weitere 31 Prozent als überfischt. 2023 standen auf der Guter-Fisch-Liste gerade noch elf Fische, die man sorglos genießen konnte, darunter die Ostseeflunder oder der Riga-Hering. Schwarzmaler:innen meinten schon damals, 2050 würde es in den Meeren mehr Plastik als Fische geben.[526]

Kein Wunder stammt heute die Mehrheit der Fische aus einer Zucht. Gewiss, wir wussten schon 2023, dass Fischfarmen keine nachhaltige Lösung sein würden. Zwar konnte man die Zuchtfische mit Insekten füttern und dazu die Gewässer schützen. Aber die Farmen waren mit denselben Problemen wie die Massentierhaltung konfrontiert. Die Haltung war nicht artgerecht: Fische brauchen Freiräume und Platz, um sich wohlzufühlen. Hält man sie auf zu engem Raum, fallen riesige Mengen von Exkrementen an. Erschwerend kommt hinzu, dass eine industrielle Fischwirtschaft viele Pestizide, Fungizide und Insektizide braucht, zum Beispiel, um Seeläuse abzutöten.[527] Wie bei den Landtieren werden massenhaft Antibiotika eingesetzt, um das Wachstum der Nutztiere anzuregen und deren Gesundheit prophylaktisch abzusichern.[528]

Versteckte Antibiotika-Pandemie

In den engen Stallungen der Intensivtierhaltung konnten sich ertragsschädigende Krankheiten rasch verbreiten.[529] Karnivoria verwendete die Antibiotika überall auf der Welt, präzise Zahlen über den tatsächlichen Einsatz waren schwierig zu beschaffen. In Deutschland wurden 2011 mehr Antibiotika bei Tieren als bei Menschen eingesetzt, in den USA schätzte man den Anteil der an Tiere verabreichten Antibiotika 2015 auf 80 Prozent. Ob sich die Lage wirklich besserte, bezweifeln die Expert:innen. In Brasilien, Indien und China erwartete man bis 2030 eine Zunahme des Einsatzes um zwei Drittel (im Vergleich zu 2010) und in Ländern wie der Schweiz gab es für Antibiotika riesige Schwarzmärkte.[530] In manchen Ländern sank der allgemeine Verbrauch, dafür nahm der Einsatz der stärkeren Reserve-Antibiotika zu. Zudem konnten sich die Zahlen scheinbar verbessern, weil durch die Veränderung der Bestände zwar absolut – nicht aber relativ – weniger Antibiotika verschrieben wurden. Um ein Huhn zu behandeln, muss man weniger Wirkstoffe einsetzen als bei einer Kuh.[531]

Eigentlich war offensichtlich, dass dieses Doping für Karnivoria gefährlich war. Die von den Tieren ausgeschiedenen Antibiotika machten die Krankheitserreger resistent, gewöhnten sie also an die Medikamente, bis diese nicht mehr wirkten. In Deutschland entdeckte man sie 2020 auf 50 Prozent der Hähnchenfleisch- und auf 40 Prozent der Putenfleischproben. In der Schweiz stieg die Präsenz der resistenten Bakterien MRSA bei Schlachtschweinen im Jahr 2009 von 2 auf 54 Prozent im Jahr 2021.[532] Bei jedem zweiten Schwein, das in den Nahrungskreislauf geriet, lauerte Gefahr. Die UN sprachen schon in den frühen Jahrzehnten des 21. Jahrhunderts von einer versteckten Pandemie der antibiotikaresistenten Keime. 2019 waren sie für fünf Millionen Tote verantwortlich. 1,3 Millionen starben direkt, bei weiteren 3,7 Millionen Todesfällen trugen die Keime eine Mitschuld. In den 2020er Jahren schätzten UN-Wissenschaftler:innen, bis 2050 könnte es jährlich 10 Millionen Tote durch Superbakterien geben. Zum Vergleich: Covid war bis März 2023 in knapp 7 Millionen Todesfälle verwickelt. 0,7 Millionen Menschen starben im Jahr 2020 an Aids, Malaria forderte 0,6 Millionen Tote.[533]

Die Keimpandemie war ein dramatisches, aber abstraktes Problem. Niemand wollte sich seiner annehmen – obwohl eine Zukunft absehbar war, in der man an einem Katzenbiss, einer Lungenentzündung oder Routineoperation sterben konnte. Selbst hochentwickelte Länder nahmen ungenaue Zahlen in Kauf und beließen es bei halbherzigen Maßnahmen. So musste der Einsatz von Antibiotika bei Milchkühen in Deutschland erst ab 2023 gemeldet werden.[534] Wie bei allen anderen Infektionskrankheiten wäre ein globales Handeln gefragt gewesen – zumal die Behörden, global betrachtet, von einer deutlichen Steigerung der in der Viehwirtschaft eingesetzten Antibiotika ausgingen. Weil sich Superkeime nicht an Grenzen hielten, reichte es nicht, nur in Deutschland, der Schweiz und Österreich zu handeln. Um wirksam zu werden, musste ein Verbot für präventiv verschriebene Antibiotika überall auf der Welt gelten – auch in den USA, in Russland, in Brasilien, in China. Neben der unsichtbaren Resistenzen-Pandemie bedrohten die von der karnivorischen Landwirtschaft ausgehenden Zoonosen die menschliche Gesundheit. Covid-19 hätte eine Warnung sein können, Karnivoria ignorierte sie. Wie wir heute wissen, nahmen nach 2020 zwei perfekte Stürme durch eine kombinierte Pflanzen-, Nutztier- und Menschenpandemie die ganze Menschheit in Geiselhaft. Seit 1940 ist die Hälfte aller Krankheiten, die von Tieren auf Menschen übersprangen, auf die industrielle Landwirtschaft zurückzuführen.[535] Andere bedrohten nur die Nutztiere, aber man konnte niemals sicher sein, ob diese nicht doch mutieren und auf die Menschen überspringen würden. 2019 reduzierte die Schweinepest in China die gesamte Schweinepopulation um ein Fünftel.[536]

Dysfunktionalität 2:
Flächen-, Futter- und Düngeknappheiten

Eine zweite Dysfunktionalität bestand im hohen Ressourcen- und Bodenverbrauch. Karnivoria musste die Hälfte seiner bewohnbaren Fläche für die Landwirtschaft hergeben. Ein Viertel nutzte man, um die Rinder grasen zu lassen. Kein Wunder war die Ausdehnung der Weideflächen der wichtigste Grund dafür, dass der Amazonasregenwald in Brasilien gerodet wurde.[537] Ein paar weitere Zahlen zeigen, wie stark die damalige Landwirtschaft vom Fleischkonsum geprägt war. Insgesamt entfielen 77 Prozent der landwirtschaftlichen Fläche auf die Fleischproduktion, in Deutschland waren es sogar 80 Prozent. Europa verfütterte zwei Drittel seines Getreides an Nutztiere, in Deutschland waren es nur geringfügig weniger: 60 Prozent.[538] Bei einzelnen Pflanzen zeigten sich ähnliche Anteile. Global wurden 77 Prozent der Sojabohnen an Tiere verfüttert, davon 37 Prozent an Geflügel.[539]

Soja war der wichtigste Eiweißlieferant der Nutztiere in den DACH-Ländern und wurde großflächig importiert. Der tatsächliche Flächenverbrauch der Tierproteine war um einiges größer als die Weideflächen. Irgendwo musste das Futter herkommen. Ohne importiertes Futter hätte die Schweiz nur 17 Prozent ihres Geflügels halten können.[540] Sie importierte 60 Prozent des Kraftfutters für ihre Nutztiere, zum Beispiel rund 300 000 Tonnen Soja. Deutschland führte vier Millionen Tonnen Soja ein, die EU 35 Millionen Tonnen. 70 bis 90 Prozent dieser Importe waren gentechnisch manipuliert. 6 Millionen Tonnen stammten aus den USA und Kanada, 23 aus Brasilien, Argentinien und Paraguay.[541] Die Zahlen zeigen: Soja wurde aus Staaten importiert, die weit entfernt waren, was hohe ökologische Transportkosten nach sich zog. Alleine dieses Soja war für ein Drittel der Entwaldung in den Exportländern verantwortlich.[542] Damit nicht genug: Tierfutter produzierende Länder waren häufig arm und hätten die Grundnahrungsmittel gut selbst gebrauchen können – zum Beispiel Sambia.[543] Schließlich entblößen diese Zahlen den hohen virtuellen Wasserverbrauch der Länder, die auf ausländische Futtermittel angewiesen waren.

All diese Kennzahlen waren schon damals bedenklich, weil sie auf eine steigende Wasser- und damit Nahrungsmittelknappheit hinwiesen und Karnivoria 2023 wusste, dass die Weltbevölkerung um zwei weitere Milliarden wachsen würde.[544] Es war ebenso absehbar wie unvermeidlich: Länder, Konzerne und Wirtschaftszweige begannen sich um die beschränkt verfügbaren Böden zu streiten.

Kill the Middleman

Karnivoria behandelte seine Nutztiere wie Fabriken, die mit ihren Körpern ressourcenintensiv Nährstoffe veredeln. Um ein Gramm tierisches Protein zu produzieren, war 20-mal mehr Land nötig als für ein pflanzliches, zum Beispiel Kichererbsen.[545] Die Nutztiere waren »Mittelwesen«, die man sich aus ökologischen Gründen nicht mehr leisten konnte.

Für ein Kilo Fleisch benötigen Bäuer:innen ein Vielfaches an Futter. Ein Rind verschlingt pro Kilogramm Fleisch 25 Kilogramm Nahrung, bei Lämmern beträgt der Faktor 15, bei Schweinen 6,4, bei Geflügel 3,3 und bei Eiern 2,3. In der Umwandlung der Proteine von Getreide durch die Körper der Tiere gehen viele Proteine verloren, beim Rind sind es 96,2 Prozent.[546] Nicht besser sieht die Bilanz bei den Kalorien aus. Am besten steht das Huhn da (1 : 3), beim Schwein beträgt das Verhältnis 5 : 1 und bei der Kuh 10 : 1. Um einen Rindfleisch-Burger zu erhalten, musste man die Kühe drei Jahre aufziehen, allein die Schwangerschaft dauert neun Monate.[547] Würde man umgekehrt auf tierische Produkte verzichten, könnte man die global nötige landwirtschaftliche Fläche um 75 Prozent reduzieren und immer noch genug Nahrungsmittel haben, um die Welt zu ernähren. Forscher:innen berechneten, die durch den Verzicht auf Nutztiere frei werdende Fläche wäre so groß wie der gesamte afrikanische Kontinent.[548]

Tab. 9 Wasserverbrauch bei ausgewählten Lebensmitteln

Lebensmittel	Wasserverbrauch pro Kilogramm
Kaffee	19 000 l
Kakao	17 000 l
Mandeln geschält	16 100 l
Rindfleisch	15 400 l
Schweinefleisch	6000 l
Butter	5600 l
Hühnerfleisch	4300 l
Eier	3300 l
Avocado	2000 l
Spinat	290 l
Blumenkohl	290 l
Tomaten	210 l
Karotten	200 l

Ineffizient war die Fleischproduktion Karnivorias weiter wegen des hohen Wasserbedarfs. Ein Viertel des europäischen Konsums ging auf das Konto der Landwirtschaft, weltweit waren es sogar 70 Prozent. Die Landwirtschaft wurde für 95 Prozent der Wasserknappheiten verantwortlich gemacht.[549] Problematisch war einmal mehr die Viehwirtschaft. Fleisch zu kultivieren, ist deutlich wasserintensiver als die Herstellung von Getreide, Obst und Gemüse. Das war deshalb der Fall, weil bereits die Produktion der Futtermittel Wasser verschlang und die Tiere im Schnitt nur 15 Prozent der aufgenommenen Pflanzenenergie in Fleisch verwandelten.[550] Um zum Beispiel ein Kilogramm Rindfleisch herzustellen, benötigte ein Bauer fast 80-mal mehr Wasser als für ein Kilogramm Karotten. Auch die Herstellung von einem Kilogramm Schweine- oder Hühnerfleisch konnte nicht mit pflanzlichen Lebensmitteln wie Spinat, Tomaten oder Blumenkohl mithalten.[551] Aber ich will natürlich nicht verschweigen, dass es auch vegane Produkte gibt, die viel Wasser verschlingen, zum Beispiel Schokolade.

Allerdings sehen Wasserprofis Tabellen mit Durchschnittswerten kritisch. Entscheidend sei vor allem, wie knapp das Wasser an einem Ort sei, wie viel natürliche Bewässerung es durch Regen gibt und ob das Wasser verunreinigt wird und vor Ort wieder versickern kann.[552] Trotzdem: Tierische Mahlzeiten haben immer einen höheren Wasserabdruck als pflanzliche und müssen aufgrund des aus dem Ausland importierten Kraftfutters auch mit einem hohen virtuellen Wasserverbrauch bilanziert werden.[553]

Düngerknappheit und –abhängigkeit

Neben Land und Wasser wurden 2023 die Düngemittel knapp. Gemäß Selbstinformation des Schweizerischen Bauernverbands waren die organischen Hofdünger für die Landwirtschaft am wichtigsten, sie deckten 70 Prozent des Stickstoff- und 85 Prozent des Phosphorbedarfs ab.[554] Ergänzend zu den Gärresten aus Biogasanlagen und den Fäkalien der Tiere setzten die Bäuer:innen aber chemische Produkte in Form von Stickstoff, Kali und Phosphor ein, die in der Regel importiert wurden. Bei den Phosphaten war Deutschland wie die meisten EU-Länder zu

100 Prozent vom Ausland abhängig. Die größten Reserven befinden sich in China, Ägypten, Syrien, vor allem aber in Marokko, dem 75 Prozent der bekannten Restvorkommen zugeordnet werden.[555] Geopolitische Konflikte machten sichtbar, wie heikel der Düngerbedarf der westlichen Länder war. Die Ukraine war für 30 Prozent der globalen Produktion verantwortlich. Phosphate aus China machten knapp ein Drittel des Weltmarkts aus. Im Frühling 2022 führte der Angriffskrieg auf die Ukraine zeitweise zu Preissteigerungen um das Fünffache. Schuld an der Verteuerung trug vor allem das teure Gas, mit dem man Stickstoffdünger herstellt.[556] Andere Stickstoffdünger-Produzenten waren China und Russland. Beide Länder hatten ihre Exporte Anfang 2022 um bis zu 40 Prozent reduziert.[557] Der Russland-Ukraine-Konflikt machte klar, wie abhängig die Versorgung von Nahrungsmitteln von anderen Ländern war, die nicht zwingend dieselbe Weltanschauung teilten. Mit dem Ukraine-Krieg tauchten 2022 Forderungen auf, in Europa Düngemittelreserven anzulegen und die Gesetze im Sinne einer *Güllewende* so anzupassen, dass durch mehr organische Dünger mehr Schadstoffe in die Gewässer abgeleitet werden dürfen.[558] 2023 litt Karnivoria deshalb auch unter einigen ökonomischen Dysfunktionalitäten.

Für viele Akteure der Fleischindustrie ging die Rechnung schon vor dem Krieg nicht mehr auf. Doch dieser trieb die Dünger-, Energie- und Getreidepreise zusätzlich in die Höhe. Das Bundesinformationszentrum für Landwirtschaft schrieb in Bezug auf das für Deutschland zentrale Schweinefleisch schon 2021: Unter dem Strich würden die Betriebe aktuell gar nicht am Schwein verdienen, »ganz im Gegenteil, sie machen sogar Verluste«. Die Bauern hielten sich mit anderem über Wasser, beispielsweise mit Biogas, das in der Schweinezucht anfiel.[559]

Dysfunktionalität 3: Institutionalisiertes Vergessen

Liebe Losgewinnerinnen und Losgewinner, ich komme zu einer dritten Problematik: dem institutionalisierten Vergessen. Karnivoria vergaß nicht nur alte Nutzpflanzen und alte Verfahren, um Lebensmittel zu gewinnen, zu verarbeiten und zu konservieren. Es verdrängte auch das Leid, das es seinen Nutztieren und den Menschen zufügte, die in den

Fleischfabriken tätig waren. Karnivoria tötete jede Woche mehr Tiere als Menschen in all seinen Kriegen zusammen. Bei den Schweinen summierte sich die Zahl auf 1,5 Milliarden Tiere pro Jahr. *Big History*-Autor Yuval Noah Harari bezeichnete die industrielle Haltung der Nutztiere als eines der schlimmsten Verbrechen in der Geschichte der Menschheit. »Tiere mögen nicht so intelligent sein wie wir, aber sie kennen Schmerz, Angst und Einsamkeit. Sie können leiden und sie können glücklich sein.«[560]

Karnivoria verdrängte das absichtliche Töten genauso wie das unabsichtliche, das in der Massentierhaltung täglich vorkam. Tiere starben auf dem Weg zum Schlachthaus oder schon viel früher, zum Beispiel beim Säugen. Muttersäue lebten in so engen Verhältnissen mit ihren Kindern und waren so schwer geworden, dass sie ihre Ferkel regelmäßig erdrückten.[561] Das Sterben war die eine Geschichte, das Leid der Nutztiere bis zu ihrem Tod eine andere. Die für die Fleisch- und Milchproduktion gehaltenen Tiere litten, weil Karnivoria sie nicht artgerecht hielt. Sie lebten in Fabrikhallen, wo sie niemand sah und wo sie niemanden und nichts sehen konnten: keinen Baum, keine Kornfelder, keine Wolken. In Deutschland hatte nur jede dritte Henne Zugang zur Außenwelt. Obwohl klar war, dass die Erlaubnis 2025 ausläuft, lebten 2022 immer noch vier von zehn Tieren in Käfigen. Bei den Rindern hatte ebenfalls nur ein Drittel Auslauf. In Russland und der Türkei setzt man ihnen VR-Brillen auf, damit sie der Monotonie des Alltags entkommen konnten und mehr Milch produzierten.[562]

Vergessenes Leid

Bei den Schweinen hatte eine winzige Minderheit Zugang zur Außenwelt: ein Prozent. Nur jedes 25. Tier lebte auf Stroh, die anderen mussten sich mit Spaltenböden begnügen, durch die Kot und Urin effizient abfließen konnten. Für die kapitalistischen Menschen war das ideal, für die Schweine weniger. 90 Prozent der Tiere litten unter Entzündungen.[563] In der Schweiz waren die Lebensbedingungen nicht viel besser. Man hielt 110 Kilogramm schwere Schweine auf einer Fläche von 0,9 Quadratmetern, nur die Hälfte von ihnen durfte regelmäßig nach draußen. Auf der Fläche eines durchschnittlichen Stellplatzes konnten Schweinekapitalisten zehn Schweine halten.[564]

Diese Zahlen kontrastieren mit der damaligen Fleischwerbung, welche die Hühner, Schweine und Kühe stets glücklich auf endlosen saftigen Wiesen zeigte. Sie kaschierte, dass sich die Nutztiere (gegenseitig) verletzten; in ihren monotonen Stallungen langweilten sie sich buchstäblich zu Tode. Kinder wurden viel zu früh von ihren Müttern getrennt und dadurch unnötig geschwächt. Eingriffe, um die Effizienz und damit die Gewinne zu erhöhen, führte man ohne Betäubung durch. Hühnern wurden die Schnäbel, ihr wichtigstes Tastorgan, verödet, Ferkel wurden kastriert. In Deutschland schnitt man mehr als 95 Prozent der Ferkel den Schwanz ab, das letzte Stück ihrer Wirbelsäule. Die Amputationen erfolgten, damit sich die Schweinchen nicht, »frustriert oder gelangweilt vom öden Stallleben, selbst die Schwänze blutig beißen«. Die durch den Schnitt verursachten Schmerzen hielten bis zu vier Monate an – das waren zwei Drittel eines Schlachtschweinlebens.[565]

Wir verdrängten und vergaßen. Wenn die Wurst auf den Grill kam, wollten wir weder an das Leid noch an den Tod denken. Fleisch war etwas Abstraktes, das mit einem lebendigen Tier kaum noch etwas gemeinsam hatte. Es war keine niedliche Katze, die sich zum Einschlafen an uns schmiegte, nicht das Reh, das man beim Waldspaziergang traf, nicht der putzige Igel im Garten. Mit den Worten des Zeitdiagnostikers Byung-Chul Han könnte man sagen, das Fleisch war – wie die rasierten Beine oder die berührungssensitiven Displays unserer Rechenmaschinen – glatt geworden.[566] Normiert und abgepackt in einem Fetzen Plastik war von Fell, Knochen, Federn und Augen keine Spur mehr. Alles andere hätte die Konsument:innen erschreckt. Doch die Tiere hatten tatsächlich gelebt – wenn auch kurz. Ein Supermarkthuhn lebte gerade einmal 30 Tage, bevor es zerlegt und verpackt wurde.[567] Es erhielt nicht einmal die Zeit, um sein Federkleid auszubilden.

Weiter ging die industrielle Tierhaltung Karnivorias mit stressigen Transporten einher. In den USA durften die zur Schlachtung geschickten Tiere 28 Stunden am Stück transportiert werden. Australien exportierte jährlich zwei Millionen Schafe und Kühe, viele davon in den Mittleren Osten. Solche Schiffe verunfallten regelmäßig. Proteste, Boykotte oder Verurteilungen blieben trotz Zehntausender toter Tiere aus. Ein kleines Beispiel illustriert die Gleichgültigkeit Karnivorias: Im Juni 2022 sank vor Ägypten ein Frachter, der für die Haddsch-Pilgerfahrt in Mekka unterwegs war. Von den 15 800 Schafen an Bord überlebten nur gerade 700. Die im Meer verendeten Schafe sollen Haie angelockt haben, denen zwei Touristinnen zum Opfer fielen.[568] Über die toten Touristinnen berichtete Karnivoria täglich, über die toten Tiere war kaum etwas zu lesen.

Tod am Fließband

Die Arbeiter:innen der Fleischfabriken funktionierten wie Maschinen, welche die Tiere so behandelten, als wären sie leblose Maschinenkörper. Selbst in den kleinen Schlachthöfen der Schweiz wurden in einer Stunde mehrere Hundert Tiere getötet, ausgenommen und verpackt. In den USA beförderte ein Knocker pro Tag 2500 Tiere ins Jenseits.[569]

Indem Fleisch zur Massenware wurde, verschwand das tierische Individuum. Es war nur noch eine Nummer, vielleicht nicht mal mehr das. Die Massentierhaltung raubte den Menschen die Fähigkeit zum Mitleid, ihre Seele.[570] Wer im 19. Jahrhundert zwei Schweine hielt, dürfte diese noch mit Namen angesprochen und beim Schlachten eine gewisse Trauer empfunden haben. Wer aber für über 100 Tiere sorgt, kann diese kaum unterscheiden, mit Namen ansprechen und vor dem Schlafen streicheln gehen. Diese Distanzierung setzte ein, als die Schlachthöfe im späten 19. Jahrhundert aus den Stadtzentren wichen. Man wollte die zu tötenden Tiere nicht dort haben, wo man lebte, nicht deren Gerüche, nicht deren Geschrei, nicht deren Anblick. Man wollte – außer vielleicht die voyeuristischen Tourist:innen, die eine Tour durch die Chicagoer Stockyards gebucht hatten – schon bei der Entstehung des Fleischkomplexes nicht hinsehen.

Der Wegzug hatte, wie bereits besprochen, hygienische Gründe. Die Bürgergesellschaft wollte ihre Straßen aufwerten. Man fürchtete die Miasmen, die gefährlichen Dünste verwesender Kadaver, später die Keime, die das Trinkwasser verseuchten. Der Tod lockt den Tod an. Im ersten Großschlachthof Europas, in den Abbatoires de Paris, wurden monatlich 16 000 Ratten erschlagen, die das Futterangebot entdeckt hatten. Lange bevor die Schlachtabfälle im Zuge des Hygienediskurses aus den Städten wichen, kümmerten sich im Mittelalter die Abdecker um deren Verschwinden.[571] Sie genossen einen schlechten Ruf, zumal sie nicht selten im Nebenamt als Scharfrichter fungierten. Mit Menschen, die dem Tod nahestanden, wollte man lieber nichts zu tun haben, weder im Mittelalter noch in Karnivoria, dessen industrielle Schlachthöfe für Außenstehende einen unsichtbaren unbekannten Mikrokosmos darstellten.

Wer sie besuchte, beschrieb den Geruch als »fremd« und »kaum erträglich«.[572] Die Fleischarbeiter:innen standen bis zu 16 Stunden pro Tag in der Fabrik, wobei sie häufig von Subunternehmern mit entsprechend schlechten Konditionen angestellt waren.[573] Um zu funktionieren, mussten sie sich an das Töten gewöhnen. Man spekulierte über den Einsatz von Drogen und Medikamenten, die abstumpften. Es war eine gefährliche Arbeit. Man schnitt sich, belastete die Handgelenke, holte sich Infekte. Schlachthöfe waren »Brutstätten« für Erreger.[574] Weiter litten Fleischarbeiter:innen stärker als andere Berufsgruppen unter psychischen Problemen. Studien zeigen eine höhere Anfälligkeit für aggressives Verhalten und für Träume mit Gewaltszenen. Das Töten der Tiere stört die Psyche nicht viel anders als das Töten von Menschen. Wie Angehörige des Militärs litten Fleischarbeiter:innen regelmäßig unter posttraumatischen Belastungsstörungen.[575] Diese Arbeit will sich eigentlich niemand antun.

Händeringend suchte die Branche nach Metzger:innen, in Österreich steigerte man sich in eine »Fleisch ist Geil«-Kampagne hinein. In den Fleischfabriken arbeiteten viele Migrant:innen. In Deutschland kamen die meisten aus Rumänien und Bulgarien, in einigen Betrieben Großbritanniens stammten 90 Prozent der Arbeiter:innen aus dem Ausland. Für den Dienst an der Fleischtheke schulte man indische IT-Spezialisten um.[576] In Kanada erhielten Flüchtlinge aus Syrien »Express-Eintrittsbewilligungen«, wenn sie bereit waren, im Schlachthaus zu arbeiten.[577] Diese Tatsachen waren der Öffentlichkeit durch die

Covid-19-Pandemie in Erinnerung gerufen worden, steckten sich doch in den Schlachtbetrieben beziehungsweise in den schlechten Unterkünften zahlreiche Mitarbeiter:innen mit dem Virus an. Neu war die Problematik nicht. Schon in den Stockyards von Chicago hatten vor allem Migrant:innen gearbeitet, die in Gettos um die Schlachthäuser herum lebten.

Dysfunktionalität 4: Ende der Kreislaufwirtschaft

Die Industrialisierung von Fleisch machte die Körper der Tiere zu Kapital. Wie bei jedem anderen Gut, das den Prozessen von Industrialisierung und Ökonomisierung unterlag, strebten die Märkte nach Effizienz, Standardisierung, Spezialisierung und Skalierung.

Die ökonomische Monokultur durchdrang das gesamte Ernährungssystem Karnivorias. Nichts illustrierte sie besser als die Getreidekulturen, mit denen man die Milliarden Nutztiere ernährte. Genauso zeigte sich die Monotonie in der geringen Vielfalt der Nutztiere. Ab Ende des 19. Jahrhunderts nahm zum Beispiel die Vielfalt der kultivierten Schweinerassen in Deutschland kontinuierlich ab, bis nach zahlreichen ökonomisch motivierten Kreuzungen nur noch frühreife und schnellwüchsige Rassen übrigblieben.[578] Die Diversität der Nutztiere und -pflanzen war so massiv geschrumpft, dass es Organisationen wie ProSpecieRara brauchte, um die alten Rassen am Leben zu erhalten. Es war die auf den Prinzipien der Skalierung basierende Agrarrevolution, die den Getreideüberschuss einleitete und damit die Grundlagen für die Entstehung Karnivorias schuf. Für ein paar Steaks war man gerne bereit zu übersehen, wie schlecht diese Monokulturen für die Biodiversität waren.

Während die ersten industriellen Schlachthöfe in Cincinnati die Reste der toten Schweine einfach in die Flüsse warfen, entdeckte Chicago das Upcycling. Schlachtabfälle wurden zu Ressourcen und als solche zu Klebstoffen, zu Schmalz, Kerzen und Seifen verarbeitet. Aus den Borsten der Schweine stellte man Bürsten und aus deren Därmen Violinsaiten her. Die Hörner der Kühe wurden zu Knöpfen, die Knochen zu Griffen und Pfeifenmundstücken.[579] Bereits 1920 stellte man aus einem 450 Kilogramm schweren Rind 41 verschiedene Produkte her. Eines der wichtigsten Upcycling-Produkte war die Margarine, eine 1870 – während des Deutsch-Französischen Krieges – getätigte Erfindung. 1873 fand sie den Weg in die USA: Der gigantische Unilever-Konzern geht ursprünglich auf eine Margarine-Fabrik zurück. Halb so teuer wie Butter, wurden die raffinierten Abfallfette sofort zum Erfolg. Noch wichtiger für die Quersubventionierung der Schlachtungen war indes das billige Dosenfleisch, das es ab 1875 in Chicago zu kaufen gab.[580]

Die konsequente Nutzung der Tierkörper setzte eine Kreislaufwirtschaft fort, die schon immer dem Umgang mit Nutztieren eingeschrieben war. Fäkalien dienten als Dünger, die Knochen getöteter Tiere als Mastfutter. Dadurch entstanden Nahrungsketten, die es in der Natur niemals geben würde, man könnte von einem pervertierten Kreislaufprinzip sprechen. Fische aßen Schweine, Hauskatzen die Abfälle von getöteten Kühen. Vegane Tiere müssen Tiere fressen, man nötigte sie zum Kannibalismus. In den USA wurden in den 1990er Jahren 14 Prozent eines geschlachteten Rindes an Rinder verfüttert.[581] Wenig erstaunlich erhielten diese menschengeschaffenen Kreisläufe durch den BSE-Skandal einen jähen Dämpfer. 1994 verbot die EU, Fleisch- und Knochenmehl von Wiederkäuern an Rinder, Schafe und Ziegen zu verfüttern. Vor dreißig Jahren begannen Politiker diese Verbote wieder aufzuweichen. Sie argumentierten pseudonachhaltig, die primäre Ansteckungsgefahr von BSE liege in einer unzureichenden Erhitzung der Abfälle und weniger in der Verfütterung von Tiermehlen. Entsprechend laut wurde gefordert, die Tiermehle sofort wieder zu verfüttern und sich dadurch von den Sojaimporten zu lösen.[582]

Allen Bemühungen und Bekundungen zum Trotz war Karnivoria keinesfalls eine Kreislaufwirtschaft. Zu viele Tierkörper wurden verbrannt oder zu Biogas verarbeitet. Statt an den Jahreszeiten und den Bedürfnissen der Tiere orientierte man sich am Geld und an den Konsumphasen, wie Weihnachten und Ostern, wo besonders viele Tierprodukte gefragt waren. Die Bauernhöfe waren in globale Wertschöpfungsketten eingebettet, am offensichtlichsten beim Import von Kraftfutter. Von einer ganzheitlichen Produktion auf dem Hof, wo wie zu Gotthelfs Zeiten alles Futter für die gehaltenen Tiere produziert wurde, hatte man sich weit entfernt. Anders als früher aß man nur noch ausgewählte Körperteile. Noch im 19. Jahrhundert wurde das ganze Tier verkocht. In Kochbüchern findet man Rezepte für Ochsenmaul, -zunge und -füße.[583] Innereien und Blut hatte man zu (Blut-)Würsten verarbeitet. Noch 1970 wurden Legehennen vier bis fünf Jahre alt und endeten als Suppenhuhn, vielleicht als Sonntagsschmaus auf dem Tisch. In der Schweiz aber landeten in den 2020er Jahren jährlich eine Million Legehennen in der Biogasanlage, fast zwei Drittel eines geschlachteten Rindes entsorgte man in Tiermehlfabriken, beim Schwein war es ein Drittel.[584]

Nicht nur Fleisch wurde weggeworfen, auch Milch schüttete man tonnenweise weg. Aufgrund von Antibiotikaresistenzen entsorgten Schweizer Bäuer:innen 2023 jährlich 80 Millionen Liter Milch – was dem jährlichen Konsum von 1,5 Millionen Schweizer:innen entsprach.[585] 20 Prozent der Schweizer Wolle wurden entsorgt, in der EU galt Schafwolle als Sondermüll. Trotz aller aufgezeigten Sekundärnutzungen blieben Abfälle zurück. Bei jeder geschlachteten Kuh konnte man 5 Prozent des Körpers nicht verwerten.[586]

Jedes fünfte Tier stirbt umsonst

Verluste entstanden weiter durch Foodwaste. In einer Metastudie kam der WWF 2014 zum Schluss, dass über die verschiedenen Stufen der Fleisch-Wertschöpfungskette durchschnittlich die Hälfte der Rohstoffe eines Tieres verlorenging. Den Anteil des von Konsument:innen weggeworfenen Fleisches schätzte der WWF auf acht Prozent. Jedes zwölfte Tier wurde also umsonst mit kostbarem Getreide gefüttert und hat für nichts in einem trostlosen Stall gelitten. Die Schweine erhielten mehr Junge, als sie mit ihren Zitzen ernähren konnten.[587] In den Niederlanden kam jedes Jahr eine Million Hennen beim Transport um. Bei jedem Schifftransport verendeten bis zu zwei Prozent der Tiere. In europäischen Zoos wurden jährlich 3000 bis 5000 Tiere erschossen, weil es keinen Platz für sie gab. Kommerzielle Fischer warfen 40 Prozent der Fänge weg.[588] In Bayern kamen 2019 zu den 4,7 Millionen geschlachteten Schweinen eine Million Schweine, die tot geboren wurden, Unfälle und Krankheiten hatten. Jedes fünfte Schwein starb vor dem Schlachten.[589]

Auf dem Weg vom Feld zum Teller über den Einkauf und den Kühlschrank ging zusammengerechnet ein Drittel der produzierten Lebensmittel verloren.[590] Eine solch verschwenderische Art und Weise des Wirtschaftens hätten sich vorindustrielle Fleischökonomien niemals erlauben können. Sie litten unter Hunger und waren dadurch anfälliger für Seuchen und Aufstände. Die Agrargesellschaften vor der Industrialisierung waren in der Tat Kreislaufwirtschaften gewesen, in denen die Ernährung, die Landwirtschaft und die Arbeit eng zusammenhingen. In Agrargesellschaften verarbeitet man die Schwänze der toten Pferde zu Seilen. Kräftige Ochsen dienten als Zugtiere, Schweine und Hühner übernahmen das vormoderne Abfallmanagement: Die Schweine kümmerten sich um die groben Abfälle, die Hühner erledigten den Rest. Sie betrieben Upcycling, weil sie die großen und kleinen Reste auf dem Hof fraßen und – in Form ihres zu schlachtenden Körpers – veredelten.

Einst hatte jedes Nutztier eine Funktion und sein Tod einen gewissen Sinn. Jungtiere wurden geschlachtet, weil im Winter nicht genügend Nahrung da war, um alle überwintern zu lassen. Um die Schlachtzeitpunkte am Winteranfang (Weihnachten, um nicht alle Tiere durch den Winter bringen zu müssen) und im Frühling (an Ostern bei der Selektion der Jungtiere) entstanden religiöse Feierlichkeiten. Die Tiere wurden Gott zum Dank geopfert und die Gemeinschaft durch das feierliche Mahl gestärkt. Sogar die Religion war in die Kreislaufwirtschaft integriert.

Heute wissen wir: Karnivoria hat diese vier Dysfunktionalitäten viel zu wenig ernst genommen. Wir alle nahmen die Selbstzerstörung des Planeten in Kauf. Konservative Politiker:innen und Fleischkapitalist:innen hielten die Fleischideologie am Leben und weigern sich bis heute, die Notwendigkeit von großen Reformen einzusehen. Sie wollen ihr Gesicht nicht verlieren, keine Wähler:innen verärgern, ihre Industrien nicht gefährden. Zudem fehlt in Karnivoria schlicht das Wissen, um nutztierfrei zu funktionieren. Bis vor Kurzem hoffte man noch, dass neue Technologien uns retten und den Zusammenbruch des globalen Ernährungssystems verhindern würden. Und dann kam der zweite perfekte Sturm.

Bildnachweis

Anmerkungen und Literaturverzeichnis

 Alle Anmerkungen und das Literaturverzeichnis zu diesem Buch finden Sie im abgebildeten QR-Code oder unter folgendem Link: hirzel-extras.de/t_UY7444

Der Autor

Joël Luc Cachelin ist ein Schweizer Futurist. 2009 gründete er die Wissensfabrik, um Unternehmen in Zukunftsfragen zu inspirieren, forschend zu begleiten und zu beraten. Grundlage seiner Arbeit bildet ein Wirtschaftsstudium mit Promotion an der Universität St. Gallen. 2022 schloss er sein Zweitstudium mit einem Master in Geschichte an der Universität Luzern ab. In seinen Zeitreisen hält er sich zwischen den Jahren 1850 und 2050 auf. Drehte sich in den 2010er Jahren vieles um die Digitalisierung, beschäftigt er sich heute vermehrt mit Innovation und Nachhaltigkeit.